AKADEMIE DER WISSENSCHAFTEN UND DER LITERATUR

ABHANDLUNGEN DER
MATHEMATISCH-NATURWISSENSCHAFTLICHEN KLASSE

JAHRGANG 1983 · Nr. 4

Zur Landschaftsdegradation in Südosttunesien

von

PETER FRANKENBERG

mit 27 Abbildungen und 2 Fotos

AKADEMIE DER WISSENSCHAFTEN UND DER LITERATUR · MAINZ
FRANZ STEINER VERLAG GMBH · WIESBADEN

Gefördert mit Mitteln des Bundesministeriums für Forschung und Technologie, Bonn, und des Ministeriums für Wissenschaft und Forschung des Landes Nordrhein-Westfalen, Düsseldorf

Vorgelegt von Hrn. Lauer in der Plenarsitzung am 19. Februar 1983,
zum Druck genehmigt am selben Tage, ausgegeben am 20. 8. 1983

CIP-Kurztitelaufnahme der Deutschen Bibliothek

Frankenberg, Peter:
Zur Landschaftsdegradation in Südosttunesien / von Peter Frankenberg. Akad. d. Wiss. u. d. Literatur, Mainz. – Wiesbaden: Steiner, 1983.
    (Abhandlungen der Mathematisch-naturwissenschaftlichen Klasse / Akad. d. Wiss. u. d. Literatur; Jg. 1983, Nr. 4)
    ISBN 3-515-03991-0
NE: Akademie der Wissenschaften und der Literatur ⟨Mainz⟩ / Mathematisch-naturwissenschaftliche Klasse: Abhandlungen der Mathematisch-naturwissenschaftlichen . . .

© 1983 by Akademie der Wissenschaften und der Literatur, Mainz
Druck: Rheinhessische Druckwerkstätte, Alzey
Printed in Germany

Vorwort

Die vorliegende Studie zur Landschaftsdegradation in Südosttunesien entstand im Rahmen der ‚Saharaforschungen' der von Prof. Dr. Wilhelm Lauer geleiteten ‚Kommission für Erdwissenschaftliche Forschung' der Akademie der Wissenschaften und der Literatur zu Mainz. Sie schließt sich an eine Vielzahl von Untersuchungen zur Pflanzenwelt der Sahara an. Erstmals wird im Rahmen dieser Saharaforschungen der menschliche Einfluß auf die Vegetation wüstennaher Bereiche in einem kleinen Testgebiet detailliert untersucht und eine erste Abhandlung über diesen Problemkreis vorgelegt.

Das Interesse tunesischer Wissenschaftler an diesem Projekt war erfreulicherweise groß. So stellten M. Kechrid, der Leiter des tunesischen Wetterdienstes, Prof. A. Kassab und seine Frau sowie insbesondere Herr A. Bousnina uneigennützig unveröffentlichte Arbeiten sowie Datenmaterial zur Verfügung.

Den Herren Ch. Mergard und J. Gülich danke ich für die Mitarbeit im Gelände und Hilfen bei der Auswertung der Befunde.

Die Feldarbeiten wurden in den Jahren 1975 und 1982 durchgeführt. Für den letzten Aufenthalt gewährte die DFG eine Reisebeihilfe. Dafür sei ihr an dieser Stelle gedankt.

Bonn, im Februar 1983   Peter Frankenberg

Gliederung

1. Zielsetzung 7
2. Der Untersuchungsraum 7
3. Vergleich der aktuellen Bodenbedeckung mit der ‚natürlichen Vegetation'
   der fünfziger Jahre 14
4. Zur Vegetation ausgewählter Steppenareale verschiedener Degradation   20
   4.1 Pflanzensoziologische Vegetationsaufnahmen des März 1982   20
   4.2 Vergleich der Vegetationsaufnahmen von 1982 mit den Erhebungen
       der Jahre 1954–1959 27
   4.3 Synthese der Vegetationsdegradation 36
5. Degradation von Kulturland 37
6. Die Bodenfeuchte verschieden degradierter Landschaftseinheiten 39
   6.1 Der C-Gehalt der Substrate verschieden degradierter
       Landschaftseinheiten 42
7. Ursachen der Landschaftsdegradation 45
   7.1 Anthropogene Ursachen 45
   7.2 Klimatische Einflußgrößen der anthropogen induzierten
       Landschaftsdegradation 48
   7.3 Eintritts- und Wiederkehrprognosen von Feucht- und
       Trockenphasen 56

Literatur 58

Verzeichnis der Abbildungen

Abb. 1: Pflanzengeographische Grenze der Sahara in Südtunesien 9
Abb. 2: Klimageographische Einordnung des Untersuchungsraumes 10
Abb. 3: Hydrologisches Klimadiagramm von Djerba (Houmt Souk) 11
Abb. 4: Hydrologisches Klimadiagramm von Medenine 13
Abb. 5: Karte der aktuellen Bodenbedeckung des Untersuchungsraumes (aufgenommen in der ersten Märzhälfte 1982) 15
Abb. 6: Karte der ‚natürlichen Vegetation' des Untersuchungsraumes (verändert und umgezeichnet nach HOUEROU, 1959) 18
Abb. 7: Vegetationsmuster einer Testfläche bei Hassi-Djerbi und Raumstruktur der Bodenfeuchte in dieser Testfläche 22
Abb. 8: Vegetationsmuster einer Testfläche um einen Brunnen in der Steppe zwischen Medenine und Zarzis 24
Abb. 9: Faktorladungen der fünf Faktoren mit Eigenwert ⟩ 1 der Hauptkomponentenanalyse von Vegetationsaufnahmen des März/April 1982 sowie der Zeit von 1954–1959 ... 28
Abb. 10: Zweidimensionale Ordinierung von Standorten/Aufnahmen der Hauptkomponentenanalyse von Vegetationsaufnahmen im Rahmen von Faktorladungen der ersten 5 Faktoren 29
Abb. 11: Ordinierung von Vegetationsaufnahmen der Steppenregion zwischen Zarzis und Medenine nach den Distanzen des aktuellen Vegetationszustandes zu demjenigen von vor 25 Jahren bzw. zwischen verschiedenen Degradationsgraden des aktuellen Zustandes in einem fünf-dimensionalen Raum 29
Abb. 12: Arealtypenspektren von Vegetationsaufnahmen in Südosttunesien ....
Abb. 13: Lebensformenspektren von Vegetationsaufnahmen in Südosttunesien 33
Abb. 14: Vegetationsentwicklung auf einer geschützten Fläche bei Gabès (nach Daten aus FLORET, 1981) 36
Abb. 15: Bodentemperaturen in einer Düne (Kulturland) am westlichen Ortsausgang der Oase Zarzis 38
Abb. 16: Bodenfeuchtemessungen in topographisch differenzierten und verschieden stark degradierten Steppen- bzw. Kulturlandarealen 40
Abb. 17: C-Gehalt (Humusgehalt) von Bodenproben verschieden stark degradierter Steppen- bzw. Kulturlandareale 43
Abb. 18: Veränderung der Bodenart infolge von Degradationserscheinungen 44
Abb. 19: Schema der anthropogen induzierten Landschaftsdegradation in Südosttunesien 47
Abb. 20: Häufigkeitsdiagramm der Jahresniederschlagsaufkommen von Djerba 49
Abb. 21: Zeitreihenanalyse der Jahresniederschlagsaufkommen (hydrologische Jahre) von Djerba 50
Abb. 22: Extreme Feuchtmonate in Südosttunesien zwischen 1910 und 1979 und extreme Trockenjahre 52

Abb. 23: Tägliche Niederschlagssummen und Verdunstungswerte an der Klimastation Djerba für die Jahre 1969 und 1978–1982 (jeweils Jan. bis März) sowie für den März 1975 54

Abb. 24: Interkorrelation der Jahresniederschlags-Zeitreihen von Djerba, Medenine, Zarzis und Ben Gardane... 55

Abb. 25: Vergleich der Jahresgänge des Niederschlagsaufkommens von Medenine, Djerba, Zarzis und Ben Gardane 56

Abb. 26: Zeitversetzte Interkorrelation der Niederschlagszeitreihe von Djerba 57

Abb. 27: Zeitversetzte Interkorrelation der Niederschlagszeitreihe von Medenine 57

Bild 1: „Doppelte Erosionsfläche" in der Steppe zwischen Zarzis und Medenine 60

Bild 2: Badlands in der Streusiedlungslandschaft um Medenine 60

1. Zielsetzung

Seit etwa einem Jahrzehnt liegt ein Hauptaugenmerk der geographischen Forschung auf der Analyse des Landschaftswandels in Randbereichen der Wüste. Dieser Landschaftswandel wird zumeist mit dem Begriff ‚Desertifikation' umschrieben. Hauptziel dieser Abhandlung ist es, die raum-zeitlichen Strukturen des Landschaftswandels in dem südosttunesischen Raum zwischen Zarzis und Medenine (Halbinsel der Akkara) und auf Djerba mit Hilfe beschreibender sowie quantitativer Methoden herauszuarbeiten. Dabei steht die Untersuchung des Vegetationsbesatzes und des Substrates im Vordergrund. Pflanzendecke und Boden erscheinen als wesentlichste und integrativste Anzeiger von Landschaftsveränderungen.

Seit Jahrtausenden hat der Mensch in diesem Raum das Naturpotential genutzt und dabei in das System eingegriffen. Seit dem Ende der Römerzeit befanden sich jedoch Nutzungsweise und Naturpotential in einem annähernden Gleichgewicht. Erst in der jüngeren Vergangenheit sind gravierende Folgen der Nutzung des Raumes aufgetreten, die das Gleichgewicht stören.

2. Der Untersuchungsraum

Die Halbinsel der Akkara und die Insel Djerba gehören zu den äußersten Vorposten diffuser Dauerkulturen gegen die Wüste. Die Akkara sind erst im 16. Jahrhundert eingewandert und haben die Nouails verdrängt (vgl. DOUIB, 1958). Sie waren Halbnomaden, die im Sommerhalbjahr ihre Herden südlich der Sebha en Noual weideten. Um Zarzis schufen sie bereits eine Gartenbaulandschaft mit Öl- und Obstbäumen. Die Djerbi stellen dagegen Reste der berberischen Urbevölkerung dar und nutzen seit Jahrtausenden ihre Insel ohne dauerhafte Störungen von außen. Djerba und der Halbinsel der Akkara eignen ähnliche Kulturen, jedoch sehr gegensätzliche Strukturen der Agrarwirtschaft. Diese Strukturen bedingen einen differenzierten Landschaftswandel, weshalb sich Vergleiche zwischen beiden Räumen anbieten. Die Halbinsel der Akkara war bis auf die Oase Zarzis bis zur Protektoratszeit eine Steppenlandschaft mit überwiegender nomadischer Weidewirtschaft. Erst zwei französische Compagnien und einzelne Colons legten in großen Besitztiteln weitflächige Ölbaumkulturen an. Die Größe der Besitztitel ist erhalten geblieben und in tunesische Hände übergegangen. Einem Besitzer gehören bis zu 20 000 Ölbäume. Die Domäne SOMIVAS, in Staatshand, versucht, neben der Ölbaumkultur Futter- und Spargelanbau zu initiieren. Mittlerweile bestehen weit mehr als 1 Mio. Ölbäume die Halbinsel[1]. Ihre Abstände variieren zwischen 24 und 30 m. Es kommen ca. 17 Bäume auf 1 ha Land. Damit reicht der um einen Baum zusammenströmende Niederschlag ab 200 mm Jahressumme aus, Früchte zu produzieren. In extremen Trockenjahren kann keine Ernte eingebracht werden. Die Flächen unter den Baumkulturen werden möglichst pflanzenfrei gehalten, um Wasserkonkurrenten auszuschalten. In der unmittelbaren Umgebung von Zarzis erscheint eine kleinparzellierte Gartenbaulandschaft. Die Gärten, von Tabias[2] umgeben, werden durch artesisch gespanntes Wasser bewässert. Die Quellschüttung liegt bei 2421 l/sec (FARGE, 1973). Man baut vor allem Kartoffeln, Tomaten und Hülsenfrüchte an. Feigen- und Mandelbäume bilden das Baumstockwerk. Die engere Küstenebene wird von ca. 15 000 Palmen (Phoenix dactylifera) der Sorte ‚commune' bestanden. Sie dienen der Gewinnung von ‚Lagmi' (Saftkonzentrat) und Viehfutter.

Nach Westen hin greifen die Kulturen der Halbinsel der Akkara gegen die Steppe der Umgebung der Gouvernoratshauptstadt Medenine aus. Es herrscht dort noch die Weidenutzung der Steppenareale vor. Die Nomaden sind allerdings inzwischen sedentarisiert worden.

Der Bevölkerungsdruck im Gouvernorat Medenine ist groß. Der Raum stellt 28 % der ‚Landflüchtigen' Tunesiens. Davon geht die Hälfte direkt nach Tunis (vgl. FRANKENBERG, 1981).

Ein ähnlicher Bevölkerungsdruck ist auf Djerba zu konstatieren. Zwischen 1906 (31 000 Ew.) und 1966 (68 000 Ew.) hatte sich die Zahl der Inselbewohner bereits mehr als verdoppelt. Djerba ist im Gegensatz zu der Region Zarzis-Medenine eine sehr alte Kulturlandschaft. In der Agrarlandschaft dominieren kleine und kleinste Besitztitel. Reiche Djerbi können auf der Insel 200–600 Bäume ihr Eigen nennen. Der Mittelwert liegt bei 20–30 Ölbäumen pro Besitzer (vgl. SUTER, 1960). Bereits HERODOT rühmte das Öl der Olea-Kulturen von Djerba. Zu Beginn der Protektoratszeit machte das Habous-Land[3] dort nur 30 000 ha aus (BELMAS, 1952), so daß, anders als auf dem benachbarten Festland, keine koloniale Landnahme größeren Stils möglich war. Djerba verharrte daher in der überkommenen Tradition seiner Landwirtschaft. Auf selten mehr als 3–5 ha großen Feldern bei Trockenfeldbau und oft weniger als 1 ha Fläche bei Bewässerung (vgl. KLUG, 1973) suchen die Djerbi

---

[1] Nach SETHOM und KASSAB (1981) stehen in der Délégation Zarzis 1,2 Mio. Ölbäume, in der Délégation Medenine sind es 535 000 und in der Délégation Ben Gardane 526 000 Ölbäume. In der Délégation Zarzis sind nur 10 % der Bäume jünger als 30 Jahre, weil dort die Pflanzungen begannen, in der Délégation Medenine sind es 2/3 und in der Délégation Ben Gardane 40 %.

[2] Tabias sind Erdwälle, durchsetzt von Agaven oder dem Feigenkaktus (Opuntia ficus-indica), dessen Früchte Futterzwecken dienen. Die Tabias grenzen Besitzeinheiten ab.

[3] Habous-Land weist keinen eindeutigen Besitzer aus. Es ist geistliches Land, das allen zur Verfügung stand. Wegen der unklaren Besitzverhältnisse konnte es von Europäern übernommen werden.

ihr Auskommen. Ihre Besitztümer sind zumeist von Tabias umgeben. Die Ölbaumkulturen (ca. 600 000 Bäume) sind großenteils überaltert, weil die Besitztitel zu klein sind, um Neupflanzungen zu wagen, die einige Jahre keine Frucht und damit kein Einkommen erbringen würden. So liegt die Erntemenge der Ölbäume von Djerba im Durchschnitt bei nur 20 % der Erntemenge der Bäume der Halbinsel der Akkara. Unter den Ölbäumen wird zumeist Getreide gepflanzt, das in Wasserkonkurrenz zu den Olea-Kulturen tritt und ihre Erträge schmälert. Im östlichen zentralen Teil der Insel bildet artesisch gespanntes Süßwasser die Basis der Gartenkulturen. Die Küstenzone nehmen über 1,2 Mio. Palmen (Phoenix dactylifera) der Sorte ‚commune' ein, die zu einem Großteil unproduktiv sind.

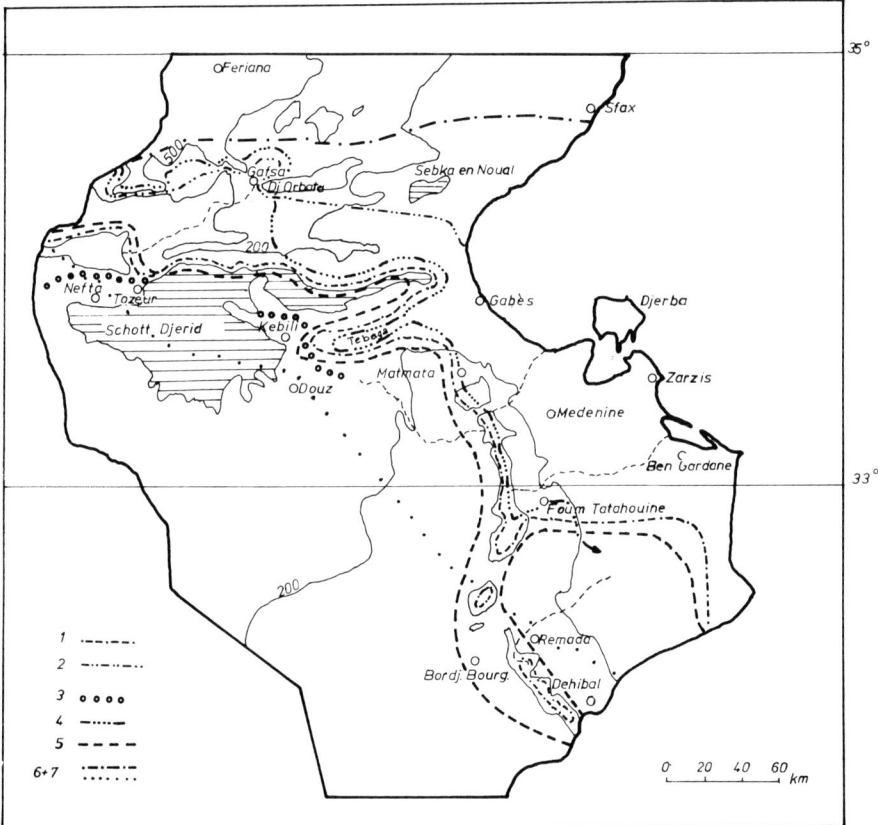

Abb. 1: Pflanzengeographische Grenze der Sahara in Südtunesien/1 = Pflanzengeographische Nordgrenze der Sahara; 2 = Nordgrenze der Kultivierung von Phoenix dactylifera; 3 = Nordgrenze der Kultivierung von Deglet en Nour; 4 = Südgrenze des geschlossenen Areals von Halfa (Stipa tenacissima und Lygeum spartum); 5 = 100 mm Isohyete; 6 + 7 = 100 mm Isohyete in einem Feucht- und in einem Trockenjahr (nach MENSCHING: Tunesien. Eine Geographische Landeskunde, Darmstadt, 1980)

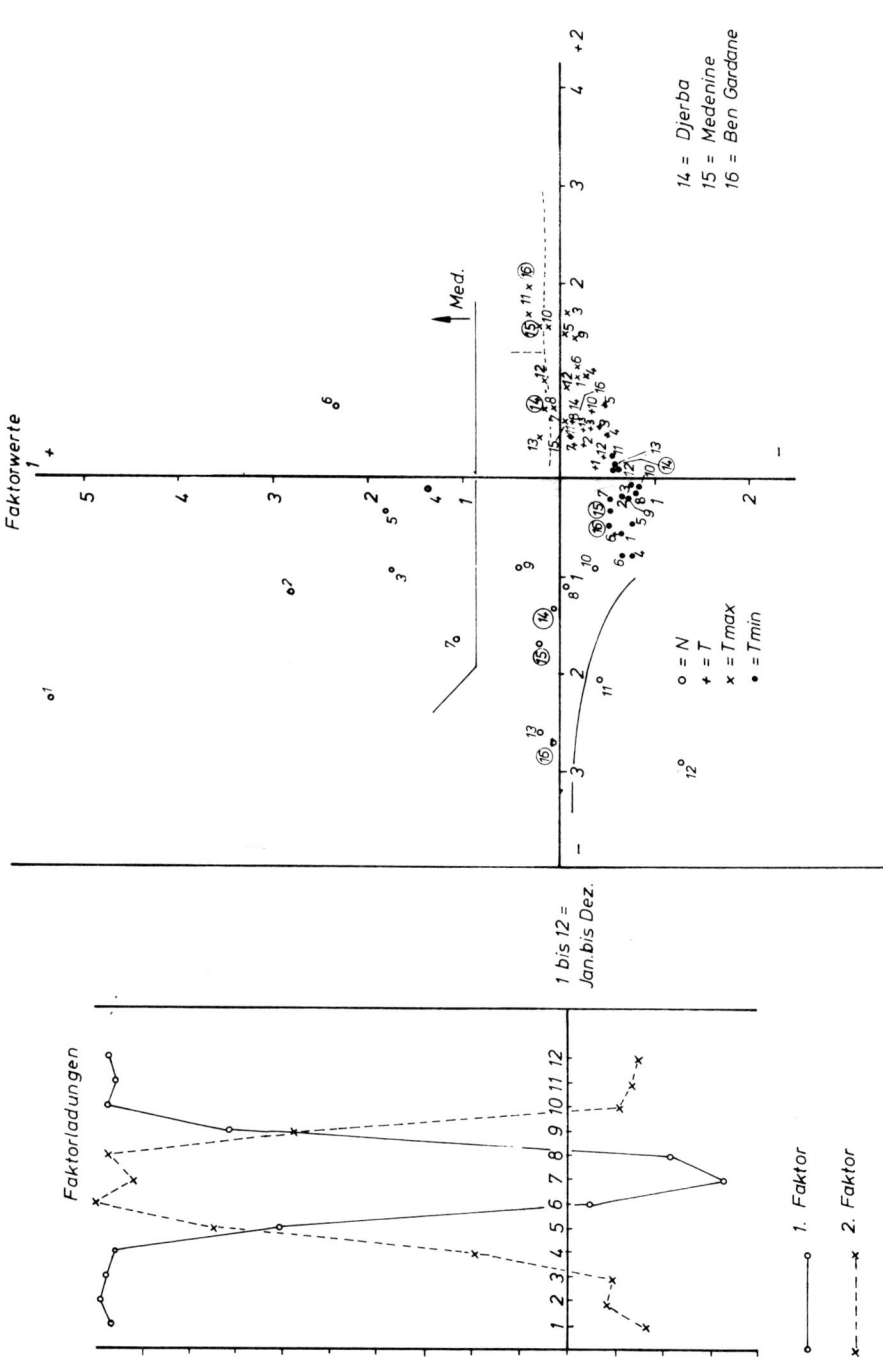

Abb. 2: Klimageographische Einordnung des Untersuchungsraumes/linker Teil: Faktorladungen der ersten beiden Faktoren der Hauptkomponentenanalyse der mittleren monatlichen Werte von Niederschlag, Maximum-, Minimum- und Mitteltemperatur tunesischer Klimastationen (Monate = Variable; Stationen + Klimaparameter = Fälle; 1–12 = Januar bis Dezember)/rechter Teil: Ordinierung der Klimastationen entsprechend ihrer Niederschlags-, Maximumtemperatur-, Minimumtemperatur- und Mitteltemperaturwerte im Rahmen der Faktorwerte der ersten beiden Faktoren der Hauptkomponentenanalyse (1–16: Klimastationen/1 = Tabarka; 2 = Bizerte; 3 = Tunis; 4 = Zaghouan; 5 = Jendouba; 6 = Le Kef; 7 = Sousse; 8 = Sfax; 9 = Kairouan; 10 = Gafsa; 11 = Tozeur; 12 = Kebili; 13 = Gabès; 14 = Djerba; 15 = Medenine; 16 = Ben Gardane

In der Kulturlandschaft unterscheiden sich Djerba und das benachbarte Festland erheblich. Dies hat historische Wurzeln. Die Naturgegebenheiten sind einander sehr ähnlich. Beide Räume liegen unmittelbar an der ‚pflanzengeographischen Wüstengrenze'[4] (vgl. Abb. 1), die klimatisch etwa durch die 100 mm Isohyete markiert wird. Der mittlere Niederschlag des Untersuchungsraumes liegt in Meeresnähe bei 200 mm. Er fällt nach Süden und Osten auf Summen von < 180 mm ab. Die Abb. 2 macht deutlich, wie nahe der Untersuchungsraum klimatisch der Sahara steht. Sie basiert auf einer Hauptkomponentenanalyse einer Vielzahl tunesischer Klimastationen über 12 Monate (Periode: 1901–1979). Die Monate gingen als Variable, die Werte von Niederschlag, Maximum-, Minimum- und Mitteltemperatur der einzelnen Klimastationen als Fälle in die Hauptkomponentenanalyse des Klimas ein. Die Faktorladungen (linker Teil der Abb. 2) weisen die Synthese des Jahresganges der angeführten Klimaelemente aus. Der erste Faktor kennzeichnet das

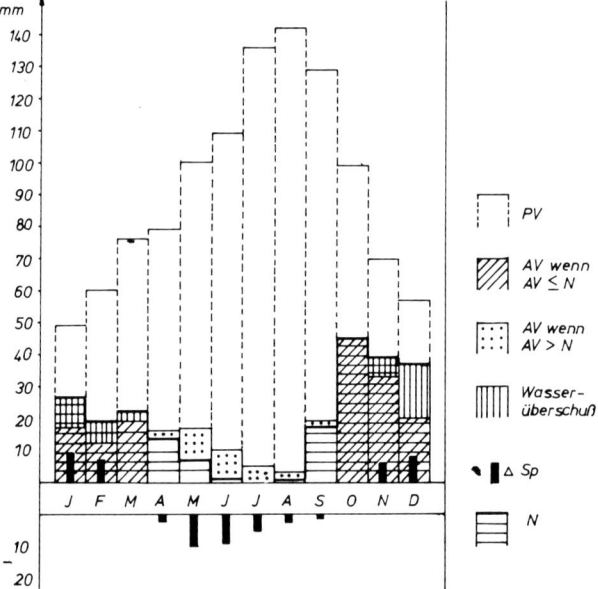

Abb. 3: Hydrologisches Klimadiagramm von Djerba (Houmt Souk)/pV = potentielle Verdunstung freier Wasserflächen; AV = aktuelle Verdunstung; Sp = Änderung des Bodenspeicherwassers; N = Niederschlagsaufkommen (weitere Erläuterung: siehe Tab. 1)

---

[4] Die pflanzengeographische Wüstengrenze wurde nach dem Kriterium der Dominanz von Geoelementen gezogen. Nördlich dieser Grenzlinie herrschen mediterrane Spezies vor, südlich von ihr dominieren mediterran-saharische Arten. Diese Dominanzen stellen sich so allerdings nur in weitgehend ungestörten Habitaten ein. Die Grenzlinie wird recht gut durch Halfa markiert (Stipa tenacissima und Lygeum spartum). Sie ist gleichzeitig in etwa die Südgrenze der Verbreitung des Ölbaums und die Nordgrenze des Anbaus der ‚besseren Dattelpalmen' (Deglet en Nour).

Sommer-, der zweite das Winterhalbjahr. Sie erklären zusammen 96,4 % der Gesamtvarianz des Datensatzes. Deutlich treten April und September als die entscheidenden Übergangsmonate zwischen einem relativ einheitlichen Sommer- und einem homogenen Winterhalbjahr hervor. Die Ordinierung der Klimastationen nach den Faktorwerten der einzelnen Fälle im Rahmen der ersten beiden Faktoren weist deutlich auf, daß die Klimastationen Medenine, Djerba und Ben Gardane in ihrem Niederschlagsbild nahe an einer Wüstengrenze liegen, die sie von den Stationen Kebili und Tozeur (u. a.) trennt. Im Jahresgang der Niederschläge treten randwüstenhafte Züge auf. Die Distanz zu den Klimastationen des Sahel von Sousse und zu Sfax ist relativ groß. Dort sind die nächsten weiträumigen Ölbaumkulturen anzutreffen. Im Jahresgang der Mitteltemperaturen unterscheiden sich die Klimastationen Medenine, Djerba und Ben Gardane nach ihren Faktorwerten nur wenig von den übrigen tunesischen Klimastationen. Deutlich heben sie sich jedoch von diesen – ähnlich den Wüstenstationen – im Jahresgang der Maximumtemperaturen ab. Ausgeprägt erscheint überdies die Eigenständigkeit der Minimumtemperaturen. Der Untersuchungsraum kennt in Küstennähe kaum Frost.

Tab. 1: Bilanzierung des Wasserhaushalts der Klimastationen Djerba (Houmt Souk) und Medenine (WK = 30 bzw. 20 mm) (Periode 1901–1979)

	J	F	M	A	M	J	J	A	S	O	N	D
N	26	19	22	14	7	1	0	1	18	45	39	27
pV	49	60	76	79	100	109	136	142	129	99	70	57
pLV	17	12	19	16	20	22	27	28	26	50	33	20
N−pLV	+9	+7	+3	−2	−13	−21	−27	−27	−8	−5	+6	+7
Sp	23	30	30	28	18	9	4	2	1	1	7	14
ΔSp	+9	+7	0	−2	−10	−9	−5	−2	−1	0	+6	+7
aLV	17	12	19	16	17	10	5	3	19	45	33	20
N	18	18	26	14	7	1	0	1	11	24	17	18
pV	63	83	93	89	135	173	230	222	184	135	110	67
pLV	13	17	33	18	27	35	46	44	37	41	22	13
N−pLV	+5	+1	−7	−4	−20	−34	−46	−43	−26	−17	−5	+5
Sp	10	11	8	7	3	1	0,1	0,01	0	0	0	5
ΔSp	+5	+1	−3	−1	−4	−2	−0,9	−	−	−	0	+5
aLV	13	17	29	15	11	3	1	1	11	14	17	13

N = Niederschlag; pV = potentielle Verdunstung freier Wasserflächen, berechnet nach PAPADAKIS (1966); pLV = potentielle Landschaftsverdunstung, berechnet nach einem modifizierten LAUER/FRANKENBERG-Ansatz (1981); Sp = Das am Ende des Zeitraumes n im Boden befindliche und für Steppenpflanzen nutzbare Wasser, bei N < pLV nach PFAU (1966) berechnet, bei N > pLV nach $Sp_n = Sp_{n-1} + (N - pLV)$ (vgl. SCHMIEDECKEN, 1978); ΔSp = Änderung des Bodenwassergehaltes; $Sp = Sp_n - Sp_{n-1}$; aLV = aktuelle Landschaftsverdunstung; bei $N \geq pLV$ ist aLV gleich pLV, bei N < pLV ist aLV gleich N − ΔSp

Der Untersuchungsraum ist klimatisch insgesamt als Randwüstenbereich ausgewiesen. Das Wasser gerät damit zum entscheidenden Minimumfaktor von natürlicher und kultürlicher Vegetation. Die hydrologischen Klimadiagramme von Djerba und Medenine verdeutlichen dies (vgl. Abb. 3 + 4). Dargestellt ist das mittlere monatliche Niederschlagsaufkommen, die potentielle Verdunstung freier Wasserflächen (pV), die mittlere monatliche aktuelle Verdunstung (aV) sowie das in den einzelnen Monaten im Mittel im Boden gespeicherte Wasser (vgl. dazu Tab. 1). Demnach sind auf Djerba die Monate November bis Mai aktuell humid.

In diesen Monaten reichen Niederschlag und Bodenspeicherwasser aus, die natürliche Vegetationsdecke der Steppe, die im Mittel bis zu 30 cm tief wurzelt, ausreichend mit Wasser zu versorgen. Dies stimmt gut mit physiologischen Beobachtungen im Rahmen des OGLAT-MERTEBA-Projektes (siehe Lit.Verz.) überein, nach de-

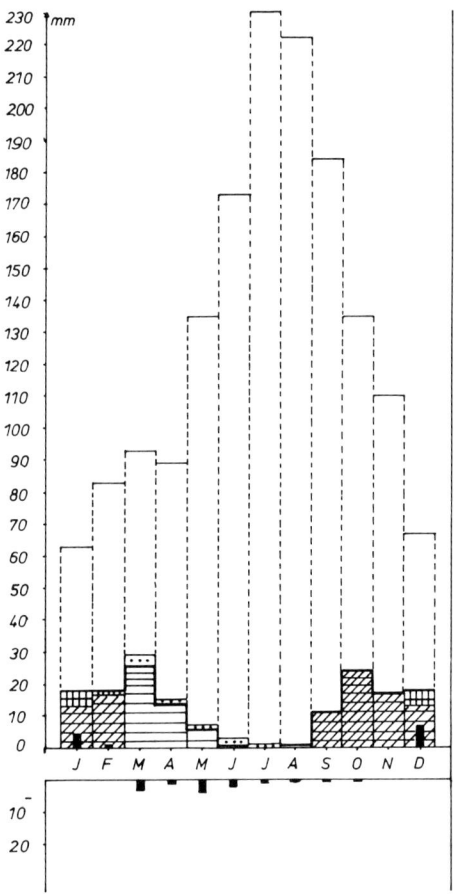

Abb. 4: Hydrologisches Klimadiagramm von Medenine (Legende: siehe Abb. 3 und Tab. 1)

nen sich die dortigen perennen Steppenspezies bei annähernd gleichem Niederschlagsaufkommen über fünf Monate als aktiv erwiesen und im Sommer in eine letale Phase übergingen. Bei Medenine, am westlichen Rand des Untersuchungsgebietes, schrumpft die pflanzenökologisch humide Phase auf die Monate Dezember bis Februar (vgl. Abb. 4).

3. Vergleich der aktuellen Bodenbedeckung mit der ‚natürlichen Vegetation' der fünfziger Jahre

Die räumliche Analyse der Landschaftsveränderung in dem bisher näher vorgestellten Untersuchungsgebiet bedarf einer Inventarisierung des Ist-Zustandes der aktuellen Bodenbedeckung und eines Vergleiches mit einem früheren Zustand. Bei der Kartierung des Ist-Zustandes konnte bereits durch Beobachtung eine abgestufte Degradation der natürlichen und kultürlichen Bodenbedeckung ausgewiesen werden. Dazu wurden Vergleiche innerhalb des Raumes angestellt und Typen der Landschaftsdegradation definiert. Besonders hilfreich waren geschützte Steppenparzellen, die andeuten, wie sich die Steppenlandschaft ohne Überweidung darstellen würde und wie ähnlich oder unähnlich dem die übrigen Steppenareale zu beurteilen sind. Der Degradationszustand des Kulturlandes wurde nach der Vitalität der Pflanzen sowie Erosions- bzw. Akkumulationserscheinungen des Substrates abgeschätzt.

Es konnten ca. 20 Typen der aktuellen Bodenbedeckung unterschieden werden, wobei drei Degradationsstufen herausgearbeitet wurden (leicht, mittel, stark) (vgl. Abb. 5). Die Karte der aktuellen Bodenbedeckung (Abb. 5) erscheint dreigeteilt. Zwischen Zarzis und dem Oued Bou Ahmed im Westen sowie der Sebha el Melah im Süden herrschen weitflächige Ölbaumkulturen vor. Lediglich die unmittelbaren Küstenregionen weisen ein anderes Landschaftsbild auf. Um Zarzis dominieren Gartenbau mit Obstbäumen sowie Palmenkulturen. Die Steppe nimmt noch schmale Küstenstreifen und im Hinterland vor allem die salzreichen Senken ein. Die Dattelpalme dringt als Kulturbaum am weitesten gegen die Senken vor. Zu ihrem Zentrum hin erscheinen die Senken zunehmend degradiert, im Extrem sogar pflanzenfrei. Dort konzentrieren sich nach starken Regenfällen an periodischen Wasserstellen die Schafe und Ziegen der Viehzüchter.

Die Olea-Kulturen lassen sich in vier Zustandsstufen differenzieren: die augenscheinlich gepflegten Kulturen, die versandeten Kulturen, versteppte Kulturen und Steppenvegetation mit vereinzelten Ölbaumexemplaren. Die gepflegten Kulturen kennzeichnet in der Regel ein starker Bodenabtrag. Vor allem seit der Mechanisierung der Bodenbearbeitung ist die Bodenerosion gesteigert. Die Mächtigkeit des Feinmaterials beträgt selten mehr als 10 cm, teilweise treten bereits Krusten an die

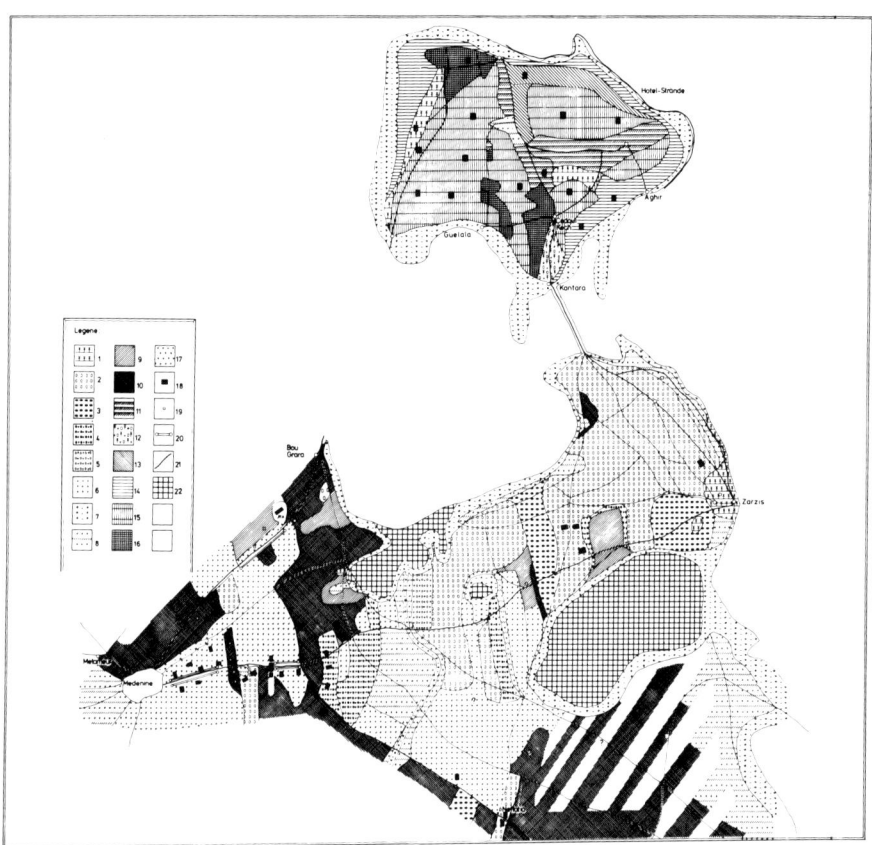

Abb. 5: Karte der aktuellen Bodenbedeckung des Untersuchungsraumes (aufgenommen in der ersten Märzhälfte 1982)
1 = Phoenix dactylifera-Bestände; 2 = Olivenkulturen des Sfaxer Typs/gepflegt; 3 = Olivenkulturen versandet, z. T. mit Dünenbildung; 4 = versteppte Olivenkulturen; 5 = versteppte Olivenkulturen, teilweise versandet; 6 = Steppe mit vereinzelten Olivenbäumen, z. T. Phoenix dactylifera; 7 = leicht degradierte Halophytensteppe und Strandformationen; 8 = leichter degradierte Steppe vorw. mit Artemisia campestris und Lygeum spartum; 9 = stark degradierte Steppe mit Dünenbildung; 10 = sehr stark degradierte Steppe, vorwiegend mit Zygophyllum album; 11 = kleinparzellierte Gärten mit Palmen und Oliven, z. T. Weinbau; 12 = Palmen mit Ölbäumen, versteppt; 13 = Ölbäume mit Palmen z. T. versteppt; 14 = Steppe mit dichtem Palmenbestand; 15 = kleinparzellierte Olivenkulturen mit Palmen und zumeist Getreide-Unterkultur; 16 = wie 15, jedoch mit mehr Feigenbäumen; 17 = geschützte Steppenareale; 18 = hervortretende Streusiedlungen; 19 = hervortretende Feldbauversuche z. T. extrem degradierte Steppe; 20 = ‚bandes forestières' mit Eucalyptus sp.; 21 = Straßen und Pisten; 22 = Sebhas

Oberfläche. Dies schadet den bis zu 30/35 m tief wurzelnden Ölbäumen nicht direkt, vermindert aber die Infiltrationskapazität des Bodens zugunsten des Abflusses in Senken. Früher wurde der Boden nicht gepflügt und geeggt, sondern dem Unkraut wurde mit einem von Dromedaren gezogenen Messer (machaa) die Wurzeln durchgetrennt, so daß es als Wasserkonkurrent ausfiel. Der Bodenbetrag war bei dieser Bearbeitung wesentlich geringer als heute. Das bei den erosiven Prozessen ausgewehte oder ausgeschwemmte Feinmaterial akkumuliert sich andernorts zwischen Öl- oder Obstbäumen und bildet dort regelrechte Dünensysteme aus. Als ‚invader' siedelt sich darauf die saharische Spezies Retama raetam an. Der weitgehend mobile Sand macht jede Bodenbearbeitung unmöglich und verhindert vor allem die Neuanlage der Kulturen.

Bei einem Teil der Olivenkulturen, vor allem westlich der Sebha el Melah (vgl. jeweils Abb. 5), wurde die Bodenbearbeitung aufgegeben. Steppenpflanzen ergreifen wieder Besitz von dem Land zwischen den Bäumen. Sie schmälern über die Wasserkonkurrenz den Ertrag. Allerdings können diese Areale wieder als Weidegründe genutzt werden. Noch weiter im Westen tritt der Typ ‚Steppe mit verstreuten Olivenbäumen' verstärkt auf. Westlich des Oued Bou Ahmed sind überhaupt keine Großpflanzungen von Olivenbäumen mehr anzutreffen. Dort – wie auch südlich der Sebha el Melah – dominiert im Landschaftsbild eindeutig die Steppe. Von Ost nach West ist demnach eine stetige Extensivierung der landwirtschaftlichen Nutzung festzustellen. Die klimatischen Bedingungen werden zunehmend arider. Im Westen haben seßhaft gewordene Nomaden in ihren Weideflächen unregelmäßig einige Ölbäume gepflanzt, die in Kümmerwuchs verharren. Um die Gouvernoratshauptstadt Medenine zieht sich ein Ring von Streusiedlungen ehemaliger Nomaden. Dort ist die Steppe extrem degradiert, bis zur Badlandbildung. Noch vor sechs Jahren konnten in diesem Teil der Djeffara wandernde Nomaden beobachtet werden. Der Übergang zur Seßhaftigkeit war deutlich. In der Mehrzahl hatten die Nomaden Geflechthütten (kibs) erbaut, um dann zu festen Steinhäusern überzugehen. Der Bau von Steinhäusern und damit die Fixierung der Nomaden wird staatlich gefördert.

In einigen Senken der Steppe zeigen sich durchwachsene Sandhügel (Nebkas), die bei Gipssubstrat mit Nitraria retusa, bei Kalksubstrat mit Ziziphus lotus bestanden sind. Sie zeugen als inzwischen ruhende Akkumulationskörper von einem bereits seit dem Beginn der Protektoratszeit andauernden Prozeß der Bodenerosion (vgl. MENSCHING und IBRAHIM, 1976).

Bei den Degradationsformen der Steppe sind grundsätzlich zwei Typen zu unterscheiden: der Denudationstyp und der Akkumulationstyp. Der Denudationstyp weist kaum noch Feinmaterial auf, das als Speicher pflanzenverfügbaren Wassers dienen könnte. Er gleicht einer Hamada bzw. einem Reg. Die Pflanzenbedeckung ist sehr schütter. Jungpflanzen kommen nur noch in kleinen Senken auf, in denen sich Feinmaterial gesammelt hat. Dort konzentrieren sich jedoch auch die Weidetiere und verhindern so die Regeneration der Pflanzendecke. Diese Degradationsform findet sich vor allem nahe den Straßen und Pisten, an denen sich die Streusiedlungshäuser konzentrieren. Eine extreme Degradation erweisen auch die Steppenareale um Brunnen. Dort ist zumeist in einem Umkreis von 50 m kaum noch Pflanzenwuchs anzutreffen.

Südlich der Sebha el Melah dominiert die Form der Akkumulationsdegradation. Sie gleicht einem Erg. Negativ für den Pflanzenwuchs ist die Mobilität der Sande. Es bleibt jedoch im Gegensatz zu dem Denudationstyp wenigstens ein wasserspeicherndes Substrat, das es den Pflanzen gestattet, Trockenperioden zu überdauern und eine Regeneration der Pflanzenbestände zuläßt. In erster Linie gelten Retama raetam, Erhanatherum suaveolens, Aristida pungens und Cutandia dichotoma als Antidesertifikationspflanzen des Akkumulationstyps, weil sie zu einer Fixierung des Sandes beitragen. Die Beweidung verhindert allerdings auch dort einen hinreichend dichten Pflanzenwuchs. So bleibt das Substrat mobil. Eine geschützte Parzelle bei Neffatia weist die Regenerationsfähigkeit dieses Steppentyps aus. Deutlich wird dies auch an dem Vegetationsbesatz einer ‚parcelle protegée' bei Bou Grara.

Djerba bietet gegenüber dem Raum des Festlandes ein völlig andersartiges Landschaftsbild. Es überwiegen kleinparzellierte Ölbaum- Garten/Obstbaum und Palmenkulturen. Die verbreitete Anlage von Unterkulturen konserviert das Substrat weitgehend vor erosiven Prozessen. Eine mechanisierte Bodenbearbeitung hat auf den kleinen Parzellen noch nicht um sich gegriffen. Tabias mindern die Windwirkung und halten den Oberflächenabfluß zurück. Lediglich an den Steilstufen in der Nähe der Südküste, so bei Guellala, greift eine Badlandbildung aus. In die Kerben werden allerdings hinter Dämme sofort wieder Obstbaumanlagen gepflanzt. Dies hält das Fortschreiten der Bodenerosion auf. Im Hinterland der Hotelstrände sind die Palmenkulturen versteppt. Die verbliebenen Steppenreste konzentrieren sich auf die Küstenregion Djerbas. Es sind Halophytensteppen, die – wie auf dem Festland – kaum eine Degradation zeigen. Auf Djerba steht das System der Nutzung des Raumes noch in einem ungefähren Gleichgewicht mit seinem Naturpotential.

Die Getreidekulturen, die auf Djerba bei traditioneller Nutzungsweise vor Bodenabtrag schützen, potenzieren auf dem Festland die Steppendegradation, wenn sie nicht mehr nach den traditionellen Regeln angelegt werden. Man verzichtet dort heute zum Teil auf die Anlage kleiner Felder in Senken hinter Tabias und pflügt statt dessen Steppenstücke mit Hilfe von Traktoren um, in der Erwartung, daß bei ausreichenden Herbstregen eine Ernte im Frühjahr eingebracht werden kann. Fallen die Herbstregen dagegen weitgehend aus, wie 1981, dann sind tiefgepflügte Steppenareale ohne Vegetation den erosiven Prozessen schutzlos ausgeliefert, weil die Getreidepflanzen erst gar nicht eingesät wurden oder aber infolge der Trockenheit nicht auskeimen konnten. Wurde der Boden lediglich mit dem früher verbreiteten Hakenpflug angeritzt, so ist er der Deflation und Wassererosion weniger ausgesetzt. Die Feldbauversuche führen zu einer rapiden Steppendegradation. Nur schwer kommen wieder ‚natürliche Pflanzen' auf, die den Boden schützen können.

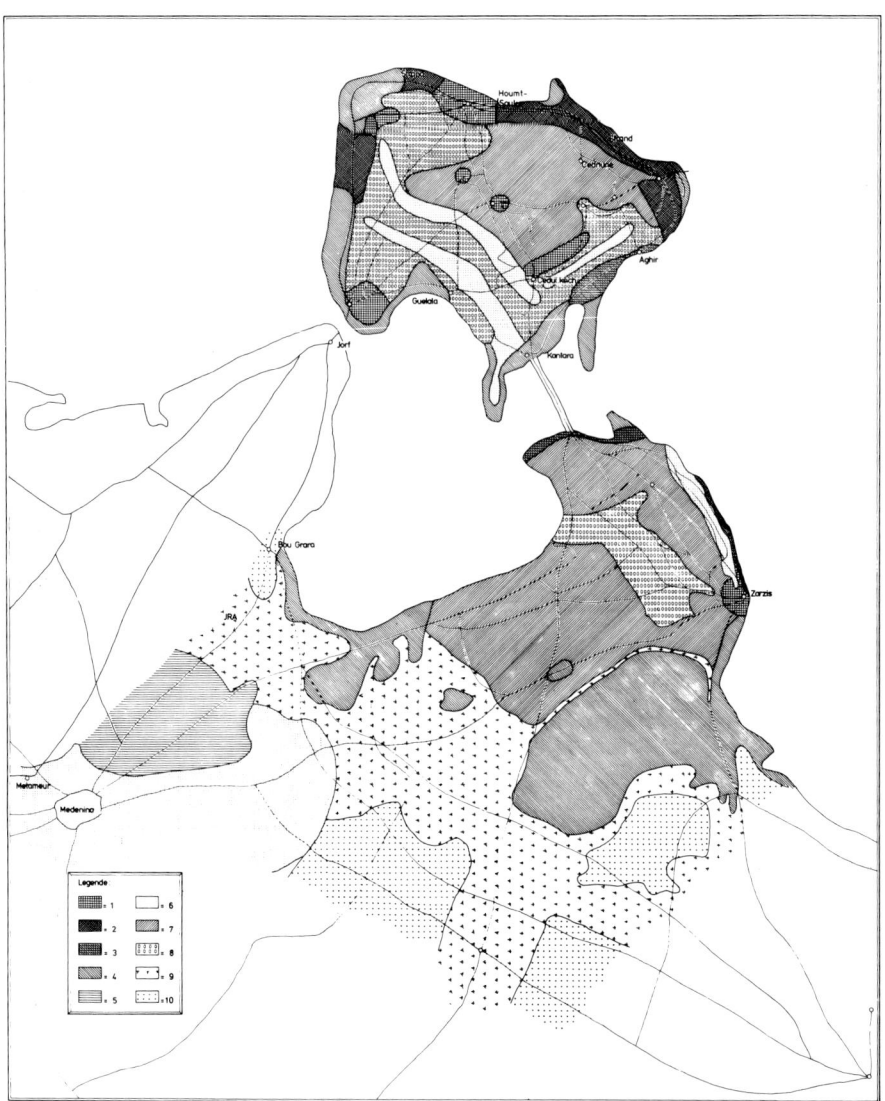

Abb. 6: Karte der ‚natürlichen Vegetation' des Untersuchungsraumes (verändert und umgezeichnet nach HOUEROU, 1959) 1 = Steppe mit Malva parviflora, Aizoon hispanicum und Peganum harmala; 2 = Steppe mit Ammophila arenaria, Agropyrum junceum, Cakile maritima und Medicago marina; 3 = Steppe mit Nitraria retusa, Suaeda mollis und Salsola sieberi; 4 = Steppe mit Salicornia sp., Arthrocnemum indicum, Halocnemum strobeliaceum und Haplopeplis amplexicaulis; 5 = Steppe mit Artemisia sp. und Arthrophytum scoparium; 6 = Steppe mit Artemisia sp., Arthrophytum scoparium und Gymnocarpos decander, auf Djerba auch mit Asphodelus microcarpus; 7 = Steppe mit Pithuranthos tortuosus und Haplophyllum vermiculare z. T. mit Erodium glaucophyllum, auf Djerba mit Euphorbia serrata; 8 = Olivenkulturen ohne Steppenvegetation (1954–1959); 9 = Steppe mit Zygophyllum album und Anarrhinum brevifolium; 10 = Steppe mit Rhanterium suaveolens, Artemisia campestris, Atractylis serratuloides und z. T. mit Lygeum spartum

Die raum-zeitliche Koinzidenz menschlicher Eingriffe in das gegebene Landschaftssystem (Olivenkulturen ohne Unterwuchs, Feldbauversuche, Überweidung) mit Trockenphasen führt zu einer weitgehenden Beseitigung der Vegetationsdecke und damit zu Bodendenudation. Starkregen extremer Feuchtphasen wirken jedoch genauso landschaftsschädigend wie Trockenphasen. Sie zerstören den bereits denudierten Boden durch einen verstärkten Oberflächenabfluß. Hygrische Extrema und eine nicht dem Landschaftssystem angepaßte Wirtschaftsweise sind die Motoren der Landschaftsdegradation in Südosttunesien.

Vergleicht man den Ist-Zustand der heutigen Bodenbedeckung Südosttunesiens mit einer ‚potentiellen Vegetation', wie sie von HOUEROU (1959) in den Jahren 1954–1959 nach damals aktuellen Vegetationsaufnahmen kartiert worden ist, so wird die weitgehende Landschaftsveränderung des Untersuchungsraumes erst recht deutlich (vgl. Abb. 5 mit Abb. 6). Der Raum der früheren Pithurantus tortuosus-Steppe (mit Haplophyllum vermiculare) wird auf der Halbinsel der Akkara und auf Djerba nahezu vollständig von Ölbaumkulturen eingenommen. Innerhalb dieser Ölbaumkulturen konnte HOUEROU (1959) teilweise keine Steppenvegetation mehr erfassen. Er bezeichnete den Typ als Zarzis-Komplex (vgl. Abb. 6). Auf Djerba blieben die küstennahen Steppenformationen mit Ammophila arenaria, Nitraria retusa und Salicornia sp. als Leitpflanzen genauso weitgehend erhalten wie ähnliche Formationen der Halbinsel der Akkara. Halophytensteppen weisen überhaupt die geringsten Veränderungen auf. Auch der Vegetationstyp der Artemisia/Arthrophytum-Steppe blieb in seinen Grundzügen erhalten. Er ist in der Umgebung von Medenine allerdings stark degradiert. Nur vereinzelt finden sich in ihm Ölbaumpflanzungen. Die Zygophyllum album-Steppe hat sich abseits der Verkehrswege – wenn auch degradiert – erhalten können. Entlang der Straßen wurden in ihr jedoch vielfach Ölbaumpflanzungen versucht, die heute nicht mehr intensiv gepflegt werden. Die sandige Rhanterium-Steppe des südlichen Untersuchungsraumes und bei Bou Grara zeigt lediglich sporadische Versuche der Anpflanzung von Ölbäumen. Sie blieb bei stärkerer Degradierung – vor allem in der Nähe der Streusiedlungen – als Vegetationstyp bestehen.

Es zeigt sich an dem Vergleich der beiden Karten eine relativ enge Bindung der Kulturnahme der Steppenareale von der ‚natürlichen' Ausgangsvegetation und damit von dem regional differenzierten Ökopotential des Untersuchungsraumes.

Im folgenden wird nun der Versuch unternommen, den bisher beschriebenen Landschaftswandel bzw. die Landschaftsdegradation über pflanzensoziologische Aufnahmen quantitativ zu präzisieren.

4. Zur Vegetation ausgewählter Steppenareale verschiedener Degradation

Die Karte der aktuellen Bodenbedeckung (Abb. 5) weist eine Vielzahl von Vegetationstypen unterschiedlicher Degradation aus, deren wesentlichste durch pflanzensoziologische Vegetationsaufnahmen genauer festgehalten worden sind. Diese Vegetationsaufnahmen werden im folgenden vorgestellt und untereinander verglichen, um festzustellen, wie sich die Artenkomposition von Steppenarealen mit zunehmender Degradation verändert hat. Überdies werden die im März 1982 aufgenommenen Pflanzenbestände auf das Arteninventar entsprechender Pflanzengesellschaften bezogen, wie es von HOUEROU (1959) für einen Zeitraum zwischen 1954 und 1959 in denselben Räumen erhoben worden ist. Da bei HOUEROU (1959) eine präzise Lokalisation seiner Vegetationsaufnahmen fehlt, ist die räumliche Übereinstimmung der Vegetationsaufnahmen der 50er Jahre mit denen von 1982 nicht direkt gegeben. Die Übereinstimmung liegt in der soziologischen Einordnung der Artenkompositionen. So konnte mit Hilfe der Vegetationskarte HOUEROUS (1959) und seinen Artenlisten versucht werden, die Vegetation der 1982 näher analysierten Steppenareale für einen Zeitraum zwischen 1954 und 1959 zu rekonstruieren und beide Vegetationszustände vergleichend nebeneinanderzustellen. Damit kann das Ausmaß der Vegetationsveränderung der letzten 25 Jahre zahlenmäßig ausgedrückt werden. Der Vegetationswandel dient als ein guter Indikator des Landschaftswandels.

4.1 Pflanzensoziologische Vegetationsaufnahmen des März 1982

Im Küstenbereich von Zarzis wurden oberhalb einer durchgehenden Steilstufe, die sich über die palmenbestandene Strandfläche erhebt, unmittelbar östlich der geschlossenen Ölbaumkulturen zwei Vegetationskompositionen der residuellen Steppenreste aufgenommen. Die erste Aufnahme kennzeichnet die küstennahe Steppe nördlich von Zarzis bei Hassi Djerbi in einer Region, die gerade zu Ackerland umgewandelt wird; die zweite Aufnahme charakterisiert die Steppe unmittelbar westlich der Oase. Dieses Steppenareal wird seit jeher beweidet. Es liegt im Ergänzungsraum von Zarzis. Die Tab. 2 weist die Artenkomposition beider Aufnahmen und die nach BRAUN-BLANQUET (1964) erhobene Artmächtigkeit der einzelnen Spezies aus.[5] Physiognomisch beherrschen Thymelea hirsuta und Lygeum spartum beide Areale. Als saharischer ‚invader‘, eingedrungen als Folge der Landschaftsdegradation, kann Retama raetam angesehen werden. Bei Zarzis tritt Gymnocarpos decander hinzu, der auch in anderen Räumen des Südens in überweideten Arealen Lygeum spartum verdrängt und damit ein Degradationsanzeiger ist.

---

[5] Dem entsprechen die übrigen Vegetationsaufnahmen.

Tab. 2: Vegetationsaufnahmen der Küstensteppe zwischen Zarzis und Hassi Djerbi (Artmächtigkeit nach BRAUN-BLANQUET + 1)

1. Aufnahme bei Hassi Djerbi: 18.3.82, Höhe 70 m, ebene Fläche, Aufnahmefläche 400 m^2, 30 cm Boden über Gipskruste, Bedeckung: 35%

Strauchschicht:	Thymelea hirsuta	3
	Calicotome villosa	2
Krautschicht:	Lygeum spartum	3
	Convolvulus althaeoides	2
	Plantago albicans	2
	Echium pycnanthum ssp. eu–p.	2
	Linaria aegyptiaca	2
	Muscari comosum	1
	Fagonia cretica	2
	Helianthemum lippii	3
	Erodium glaucophyllum	2
	Haloxylon schmitianum	2
	Asphodelus tenuifolius	1
	Euphorbia serrata	1
	Asparagus stipularis	1

außerhalb des Quadrates: Retama raetam (1) und Cynodon dactylon (1)

2. Aufnahme bei Zarzis: 11.4.82, Höhe 70 m, Exposition-Neigung: E, 2°, Aufnahmefläche 400 m^2, grober Skelettboden, Bedeckung: 30%

Strauchschicht:	Thymelea hirsuta	4
Krautschicht:	Lygeum spartum	4
	Gymnocarpos decander	3
	Pithoranthos chlorantus	2
	Plantago albicans	2
	Eryngium ilicifolium	2
	Polygonum equisetiforme	2
	Linaria aegyptiaca	2
	Elichrysum stoechas ssp. scandens	1
	Scabiosa arenaria	1

außerhalb des Quadrates: Retama raetam (1) und Calicotome villosa (1)

Die räumliche Anordnung der Pflanzenindividuen der vier häufigsten Spezies der ersten Aufnahme ist in Abhängigkeit von der Bodenfeuchte in der Abb. 7 dokumentiert. Die in 10 cm Tiefe gemessene Bodenfeuchte (CM-Gerät) weist eine markante Abhängigkeit von der Kleinreliefierung der Testfläche aus.

Die tiefsten Stellen, auch wenn es nur Wagenspuren sind, registrieren eine höhere Bodenfeuchte als die jeweils höher gelegenen Topoi. Die Konfluenz des Wassers zu den Tiefenlinien bedingt dieses topographisch gesteuerte Bild der Bodenfeuchte. Die Pflanzenindividuen zeigen mit ihren Standorten einige Anpassung an die Bodenfeuchte. Calicotome villosa und Lygeum spartum, eingeschränkt auch Helianthemum lippii, sind auf die höheren Teile der Testfläche beschränkt. Lediglich Thymelea hirsuta besteht relativ gleichverteilt höhere und tiefere Reliefteile. Man kann vermuten – und dies bestätigen die Mengenverhältnisse tierischer Kotablagerungen –,

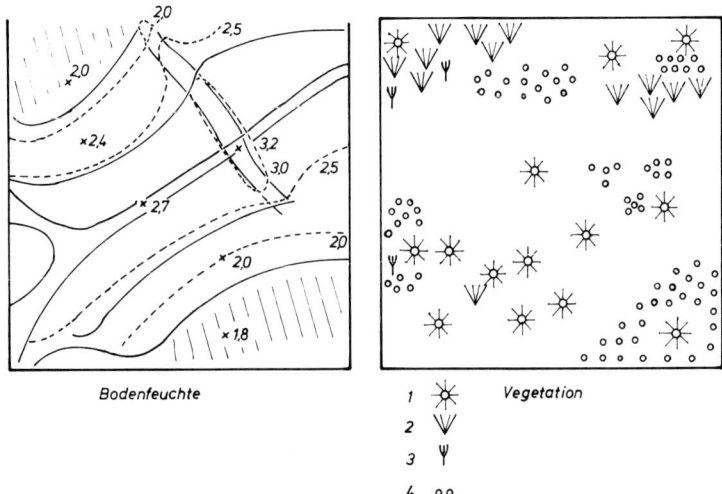

Abb. 7: Vegetationsmuster einer Testfläche bei Hassi-Djerbi (Küstensteppe) und Raumstruktur der Bodenfeuchte (gemessen in 10 cm Tiefe) in dieser Testfläche (Isolinien = Bodenfeuchte in % und Isohypsen) (vgl. Tab. 2)/1 = Thymelea hirsuta; 2 = Lygeum spartum; 3 = Calicotome villosa, 4 = Helianthemum lippii

daß die Schafe und Ziegen vornehmlich die tieferen, etwas feuchteren Reliefteile beweiden, weil dort wegen der höheren Bodenfeuchte vermehrt Therophyten wie Convolvulus althaeoides und Fagonia cretica aufkommen. Dadurch verdrängen die Tiere dort die perennen Pflanzen durch Tritt oder besonders intensiven Verbiß, so daß die höheren, etwas trockeneren Topoi gleichsam passiv reicher an Individuen der dominierenden perennen Arten werden. Die geringe Dichte perenner Spezies in den Tiefenlinien beläßt zudem mehr Wasser im Boden, weil die Transpiration pro Flächeneinheit vermindert ist und begünstigt so zu dem Faktor der Niederschlagskonfluenz das Aufkommen der Therophyten. Überdies ist mit den Perennen ein Konkurrenzfaktor ausgeschaltet. Damit ist ein Rückkoppelungssystem der Pflanzenverteilung auf kleiner Fläche skizziert.

Ein zweiter Komplex von Vegetationsaufnahmen erfolgte in der zentralen Steppe zwischen Zarzis und Medenine sowie Ben Gardane (vgl. Tab. 3). Der Artenbestand an einem Brunnen, um den nach der kartographischen Typisierung (vgl. Abb. 5) der stärkste Degradationsgrad erkannt worden war, wird einem Artenbestand gegenübergestellt, der ca. 50 m vom Brunnen entfernt aufgenommen worden ist und physiognomisch weniger degradiert erscheint. Damit kann auch die Vegetationsaufnahme eines weiter südlich an der Straße nach Ben Gardane gelegenen Steppenareals verglichen werden, dem stärkere Sandakkumulationen eignen als der mittelbaren oder unmittelbaren Brunnenumgebung. Pithuranthos chlorantus ist als saharische Art allen drei Aufnahmen gemeinsam. Sie war bereits vor 25 Jahren an diesen

Tab. 3: Vegetationsaufnahme der zentralen Steppe zwischen Zarzis und Medenine (Artmächtigkeit nach BRAUN-BLANQUET + 1)

1. Aufnahme der Vegetation um einen Brunnen: 19.3.82, Höhe 100 m, ebene Fläche, Aufnahmekreis 50 m ⌀, lockere Sandbedeckung auf Kruste, Bedeckung: unter 5%
   keine Strauchschicht
   Krautschicht: Cynodon dactylon   3
                   Artemisia campestris   2
                   Polygonum equisetiforme   1
                   Pithoranthos chlorantus   1
                   Helianthemum lippii   1

2. Aufnahme am Rande des ersten Aufnahmekreises: 19.3.82, Höhe 100 m, Exposition-Neigung: WSW, 3°, Aufnahmefläche 400 m², lockerer Sand auf Kruste, z.T. kleinere Akkumulationen, Bedeckung: 35%
   Strauchschicht: Retama raetam   1
   Krautschicht: Artemisia campestris   3
                   Echiochilon fruticosum   1
                   Haloxylon schmitianum   1
                   Salvia aegyptiaca   1
                   Rhanterium suaveolens   2
                   Anarrhinum brevifolium   1
                   Helianthemum lippii   3
                   Pithoranthos chlorantus   1
                   Lygeum spartum   3
                   Erodium glaucophyllum   2

3. Aufnahme (dominante Arten) an der Straße nach Ben Gardane südlich von Aufnahme 1 + 2, 6.4.82, Höhe 100 m, ebene Fläche, Aufnahmefläche 200 m², Sandbedeckung, Bedeckung: 50%
   Strauchschicht: Retama raetam   3
   Krautschicht: Artemisia campestris   3
                   Aristida pungens   2
                   Salsola vermiculata   2

Standorten anzutreffen und muß nicht als ‚invader' angesehen werden, weil in diesem phytogeographischen Übergangsraum ein gewisser Prozentsatz saharischer Spezies natürlich ist.

In Brunnennähe erscheint die Bodenoberfläche nahezu vegetationslos (vgl. Abb. 8). Lediglich Cynodon dactylon, eine pluriregionale Art, nimmt größere Areale ein. Die holzigen Pflanzen konzentrieren sich unmittelbar um den inzwischen funktionslosen Brunnen. Sie haben entweder bereits seit der Aufgabe des Brunnens auf leichten Sandakkumulationen aufkommen können oder dieser innere Ring wurde bereits zur ‚aktiven Zeit' der Wasserstelle weniger von Vieh bestanden, weil es sich nicht um eine direkte Tränke handelte. Die Tiere wurden nicht unmittelbar an den Brunnen herangeführt, sondern umstanden ihn in einigem Abstand. Dort wurden sie aus Behältern getränkt oder es handelte sich um Maultiere, mit denen Wasser zu den Wohnstätten transportiert wurde. Der devastierte Ring weist einen Durchmesser von ca. 100 m aus. Nach außen hin treten zunehmend die Pflanzen auf, die inner-

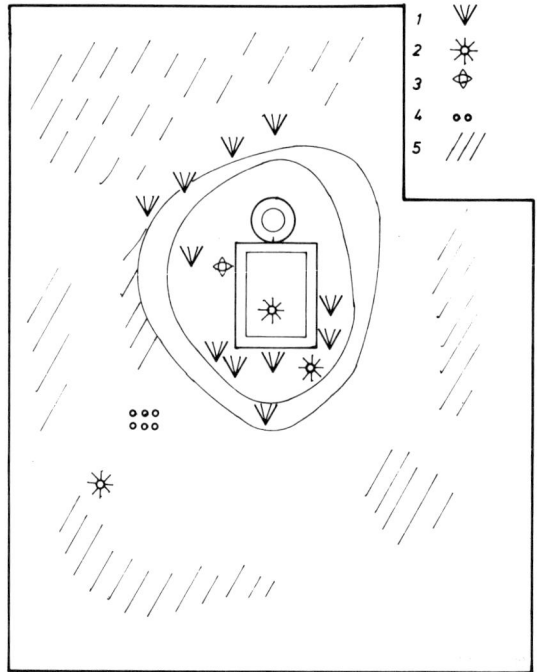

Abb. 8: Vegetationsmuster einer Testfläche um einen Brunnen in der Steppe zwischen Medenine und Zarzis (vgl. Tab. 3)/1 = Artemisia campestris; 2 = Polygonum equisetiforme; 3 = Pithuranthos chlorantus; 4 = Helianthemum lippii; 5 = Cynodon dactylon

halb des Kreises durch den hohen Tierbesatz eliminiert worden sind, nämlich typische Vetreter dieser Steppe: Rhanterium suaveolens, Lygeum spartum und Erodium glaucophyllum. Das weiter südlich gelegene, stark übersandete Steppenareal zeigt in seiner Artenkomposition eine deutliche Anpassung an die mobile Sandakkumulation; es dominieren Psammophyten.

Die salzreichen Senken erschienen innerhalb des Untersuchungsraumes physiognomisch weniger degradiert. Es dominieren dort Halophyten, wie die Vegetationsaufnahme der Tab. 4 ausweist. Diese zum Teil sukkulenten Pflanzen eignen sich nicht als Dauernahrung von Weidetieren. So sind in den Senken auch keine Nomaden seßhaft geworden.

Ein vierter Komplex von Vegetationsaufnahmen wurde bei Bou Grara erhoben. Dort liegt ein größeres geschütztes Steppenareal (parcelle protégée contre le sable), dessen Arteninventar einen Eindruck davon gibt, wie diese Steppe bei naturadaptierter Nutzung aussehen könnte (vgl. Tab. 5). Zwei Vegetationsaufnahmen wurden in den geschützten Bereichen, zwei weitere unmittelbar außerhalb in optisch stark degradierten Arealen erhoben. Auffallend sind Artenreichtum und Habitus der ge-

Tab. 4: Vegetationsaufnahme der halphytischen Vegetation einer Senke in der Steppe zwischen Zarzis und Medenine (Artmächtigkeit nach BRAUN-BLANQUET + 1), Aufnahmefläche 200 m², 11. 4. 82, Höhe 90 m, ebene Fläche mit Nebkas bestanden, sandig-salzhaltiges Substrat, Bedeckung: 40 %, zum Inneren der Senke auf 10 % zurückgehend

Strauchschicht:	Nitraria retusa	3
Krautschicht:	Lygeum spartum	3
	Lycium arabicum	1
	Atriplex halimus	2
	Suaeda mollis	2
	Aeluropus littoralis	3

Tab. 5: Vegetationsaufnahmen geschützter Steppenareale bei Bou Grara und benachbarter ungeschützter Steppenstücke

1. Aufnahme: geschütztes Steppenareal vor dem Institut des Regions arides: 8.4.82, Höhe 30 m, ebene Fläche, Aufnahmefläche 400 m², sandiges Substrat über krustalen Bildungen, Bedeckung über 50%

Baum und Strauchschicht:	Calligonum arich	4
	Acacia tortillis ssp. radiana	3
	Retama raetam	2
Krautschicht:	Rhanterium suaveolens	3
	Artemisia campestris	4
	Plantago albicans	3
	Erodium glaucophyllum	3
	Peganum harmala	3
	Cynodon dactylon	3
	Silene colorata	2
	Helianthemum lippii	2
	Eryngium ilicifolium	2
	Pithoranthos chlorantus	2
	Fumaria parviflora	2
	Adonis dentata	2
	Pseuderucaria clavata	2
	Matthiola fruticosa	2
	Brassica tournefortii	2
	Diplotaxis simplex	1
	Sisymbrium irio	2
	Alyssum libycum	2
	Hedysarum spinosissimum	2
	Medicago trunculata	2
	Medicago minima	1
	Hypocrepis bicontorta	2
	Astragalus caprinus ssp. lanigerus	1
	Atractylis sp.	

Fortsetzung von Tab. 5

2. Aufnahme: geschütztes Steppenareal in einer ‚Lichtung' einer ‚bande forestière à Eucalyptus occidentalis': 8.4.82, Höhe 30 m, ebene Fläche, Aufnahmefläche 400 m², sandiger etwas verfestigter Boden, Bedeckung: 70%

Baum- und Strauchschicht:	Acacia ligylata	5
	Calligonum arich	2
	Tamarix sp.	2
	Acacia tortillis ssp. radiana	2
	Retama raetam	2
	Limoniastrum guyonianum	2
	Calicotome villosa	1
	Nitraria retusa	1
Krautschicht:	Rhanterium suaveolens	2
	Fumaria parviflora	2
	Medicago trunculata	2
	Cynodon dactylon	2
	Platago albicans	3
	Polygonum equisetifolium	3
	Silene colorata	2
	Malva sylvestris	1
	Vicia peregrina	1
	Artemisia campestris	2

3. Aufnahme: Steppenareal unmittelbar außerhalb des geschützten Bereiches von Aufnahme 1: 8.4.82, Höhe 30 m, ebene Fläche, Aufnahmefläche 400 m², stark sandig-Dünen, Bedeckung: 15%

Strauchschicht:	Retama raetam	1
Krautschicht:	Aristida pungens	3
	Artemisia campestris	2
	Rhanterium suaveolens	2

4. Aufnahme: Steppenareal außerhalb des geschützten Bereiches von Aufnahme 1: 8.4.82, Höhe 30 m, ebene Fläche, Aufnahmefläche 400 m², stark denudierte Oberfläche, verfestigt mit groben Gesteinstrümmern, Bedeckung: 15%

Krautschicht:	Artemisia campestris	3
	Pithoranthos chlorantus	2
	Haloxylon schmitianum	3
	Astragalus spinosus	2

schützten Areale. Sie vermitteln das Bild randtropischer Savannen. Ihnen geht der den mediterranen Steppen ansonsten baumlose Aspekt ab. Vor allem Acacia sp. erinnert an Vegetationsformationen der Sahelzone südlich der Sahara. Der Deckungsgrad dieser geschützten Parzellen liegt mit 50 % bzw. 70 % um 35–55 % über dem benachbarter degradierter Steppenareale. Die Artenzahl übersteigt diejenige ungeschützter Steppenbereiche um das bis zu 6fache. Damit dürften ähnliche Unterschiede in der Stoffproduktion gegeben sein (vgl. FRANKENBERG, 1979). Es ist allerdings zu bemerken, daß einige Phanerophyten in den geschützten Steppenbereichen angepflanzt worden sind. Ihr natürliches Aufkommen ist damit noch infrage gestellt. Man hat versucht, bei Bou Grara jenen Steppentyp wieder zu rekonstruieren, wie er in Tunesien lediglich am Dj. Bou Hedma nordwestlich von Gabès noch zu finden ist, nämlich eine randmediterrane Steppe mit randtropischem Baumwuchs. Das Vordringen von Acacia in diesen Raum bringen LAUER und FRANKENBERG (1979) mit der neolithischen Feuchtphase in Beziehung. Dieser Steppentyp scheint allerdings auf küstennahe, relativ frostfreie Bereiche beschränkt gewesen zu sein.

Der Vergleich der vorgestellten pflanzensoziologischen Aufnahmen ausgewählter Steppenbereiche wird im folgenden Kapitel statistisch überprüft. Überdies werden darin die Vegetationsaufnahmen des März 1982 mit Vegetationsaufnahmen von HOUEROU (1959) verglichen, die er zwischen 1954 und 1959 erhoben hat (s. o.).

4.2 Vergleich der Vegetationsaufnahmen von 1982 mit den Erhebungen der Jahre 1954–1959

Die Vegetationsaufnahmen des März 1982 und diejenigen des Zeitraumes 1954–1959 (HOUEROU, 1959) wurden zu ihrem gegenseitigen Vergleich in einen n-dimensionalen Raum plaziert. Dort sind ihre Distanzen errechnet worden. Die Distanzen dienen als Maß ihrer Ähnlichkeit (vgl. FRANKENBERG, 1982). Es ist darin ein zahlenmäßiger Ausdruck der Vegetationsdegradation gegeben. Die Quantifizierung der Ähnlichkeiten der einzelnen Vegetationsaufnahmen geschah über eine Hauptkomponentenanalyse. Vierzehn Vegetationsaufnahmen (Standorte) dienten als Variable, 102 Arten als Fälle. Die Extraktion von fünf Faktoren mit einem Eigenwert > 1, die zusammen 63,6 % der Gesamtvarianz erklären, deutet eine große Heterogenität der Vegetationsaufnahmen an. In der Abb. 9 sind die Faktorladungen und damit die Repräsentanzen der Standorte auf den extrahierten Faktoren dargestellt. Der erste Faktor lädt die beiden Vegetationsaufnahmen an dem ‚Brunnenstandort' zwischen Medenine und Zarzis hoch. Er erweist jedoch eine nur geringe Ähnlichkeit dieser Artenkompositionen zu dem Ausgangsartenbestand von 1954–1959. Die in Brunnennähe erhobenen Artenbesätze sind sich trotz der optisch markanten Degradationsunterschiede noch relativ ähnlich. Der zweite Faktor lädt die Vegetation der Steppenareale an der Küste und ihren Zustand zwischen 1954–1959 sehr hoch. Diese Standorte sind demnach in ihrem Artenbesatz einander und ihrem früheren Zustand noch ähnlich, den Standorten der inneren Steppe jedoch verhältnismäßig unähnlich. Der dritte Faktor erweist eine große Ähnlichkeit der degradierten Steppe bei Bou Grara und ihres bereits 1954/59 degradierten Zustandes. Der vierte Faktor lädt keine aktuelle Vegetationsaufnahme hoch. Der fünfte Faktor integriert die geschützten Steppenareale. Sie sind damit als eigenständig und den übrigen Standorten wenig ähnlich ausgewiesen.

Die im Rahmen der Faktorladungen einzelner Faktoren (Abb. 9) aufgezeigten Ähnlichkeiten der Vegetationsbesätze sind eindimensional. In anderen Dimensio-

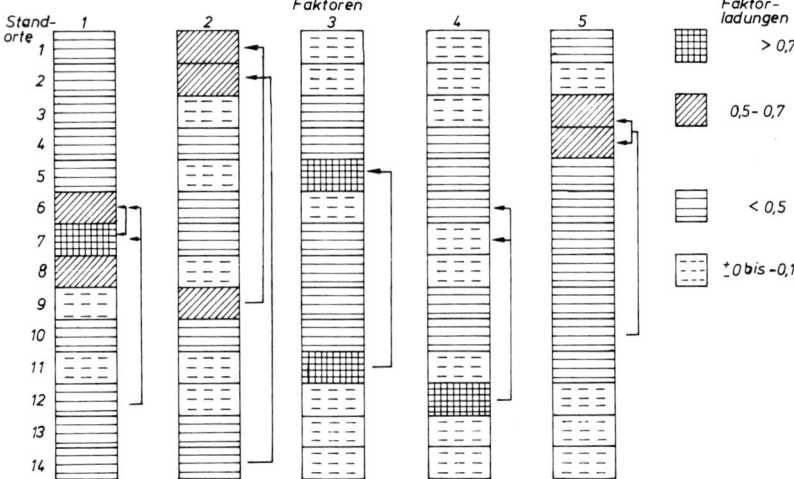

Abb. 9: Faktorladungen der fünf Faktoren mit Eigenwert > 1 der Hauptkomponentenanalyse von Vegetationsaufnahmen des März 1982 sowie der Zeit von 1954–1959 (Standorte/Aufnahme = Variable; Arten = Fälle)/1 = Küstensteppe bei Hassi-Djerbi; 2 = Küstensteppe bei Zarzis; 3 = Geschützte Parzelle bei Bou Grara (A); 4 = Geschützte Parzelle bei Bou Grara (B); 5 = Akkumulationstyp der degradierten Steppe bei Bou Grara; 6 = Degradierte Steppe an einem Brunnen in der Steppe zwischen Zarzis und Medenine; 7 = weniger degradierte Steppe in der Nähe dieses Brunnens; 8 = Denudationstyp der degradierten Steppe bei Bou Grara; 13 = Halophytensteppe in einer Senke zwischen Medenine und Zarzis; 9 = Zustand der Küstensteppe bei Hassi Djerbi vor 25 Jahren; 10 = Zustand der heute geschützten Parzelle vor 25 Jahren; 11 = Zustand des Akkumulationstyps der degradierten Steppe bei Bou Grara vor 25 Jahren; 12 = Zustand der Vegetation um den Brunnen zwischen Zarzis und Medenine vor 25 Jahren; 14 = Zustand der Küstensteppe bei Zarzis vor 25 Jahren

nen können Distanzen verborgen sein. Die Abb. 10 weist nun die Ähnlichkeit der einzelnen Vegetationsaufnahmen in zweidimensionalen Ebenen aus; die Abb. 11 eine Ordinierung der Distanzen aller Vegetationsaufnahmen in einem von den fünf Faktoren aufgespannten Raum, deren Eigenwerte > 1 sind (unten). Als Maß der Ähnlichkeit über diese fünf Dimensionen diente die Summe der Differenzen der Faktorladungen zwischen jeweils zwei Standorten über alle fünf Faktoren, gewichtet nach der jeweiligen Varianzerklärung des betreffenden Faktors:

$$\sqrt{\sum_{i=1}^{5} \frac{d^2}{2} \times Var.}$$

wobei d die Differenz der Faktorladungen und Var. die Varianzerklärung der betreffenden Faktoren ist.

Damit wird die Vegetationsdegradation quantitativ faßbar als Maß der Unähnlichkeit oder Ähnlichkeit zwischen der Ausgangsartenkomposition und dem aktuel-

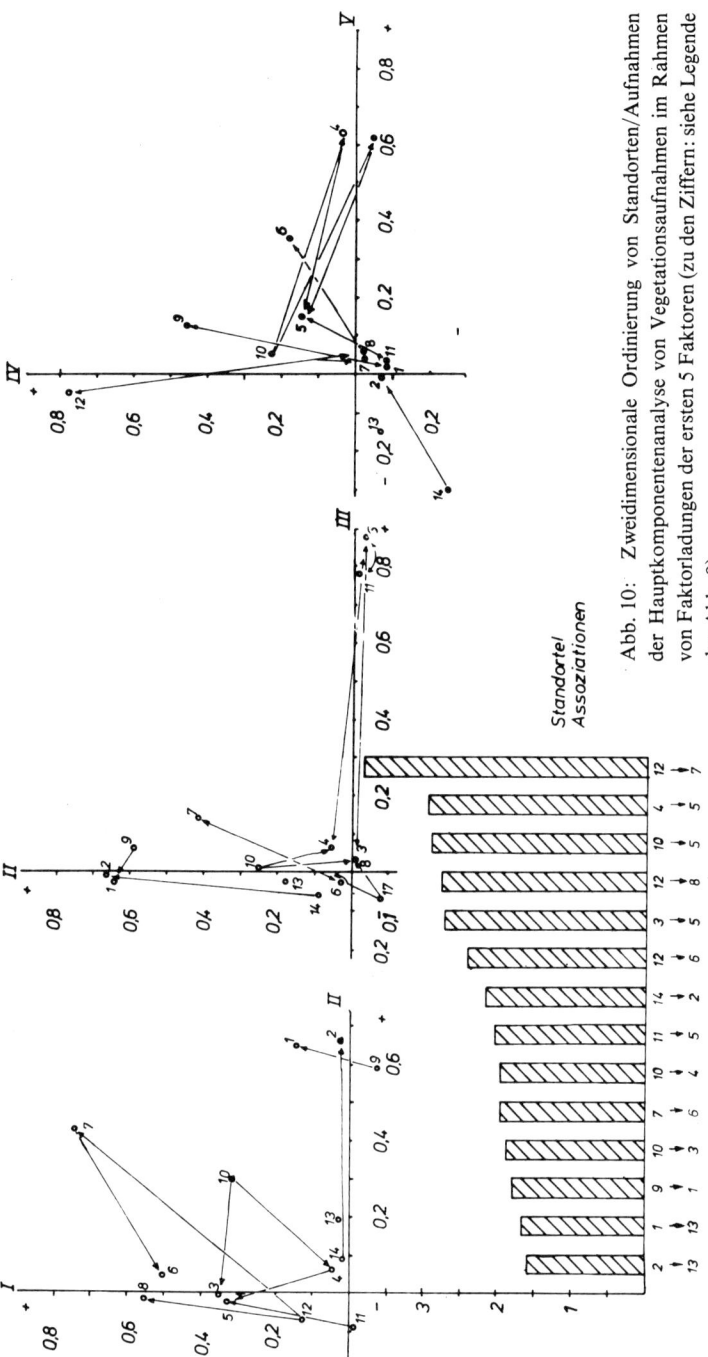

Abb. 10: Zweidimensionale Ordinierung von Standorten/Aufnahmen der Hauptkomponentenanalyse von Vegetationsaufnahmen im Rahmen von Faktorladungen der ersten 5 Faktoren (zu den Ziffern: siehe Legende der Abb. 9)

Abb. 11: Ordinierung von Vegetationsaufnahmen der Steppenregion zwischen Zarzis und Medenine nach den Distanzen des aktuellen Vegetationszustandes zu demjenigen von vor 25 Jahren bzw. zwischen verschiedenen Degradationsgraden des aktuellen Zustandes in einem fünfdimensionalen Raum (zu den Ziffern: siehe Legende der Abb. 9)

len Zustand. Die Ausgangsartenkomposition kann in geschützten Parzellen vermutet werden oder wird über ältere Vegetationsaufnahmen erschlossen. Die Vegetationsgradation ist demnach definiert als die Summe der Distanzen zwischen zwei Vegetationsaufnahmen in einem n-dimensionalen Raum.

Die Darstellung der Standortähnlichkeiten auf den zweidimensionalen Ebenen (vgl. Abb. 10) deutet durch Pfeile zeitliche Entwicklungen der Standorte an. Je länger die Pfeile, desto unähnlicher stellt sich die im März 1982 aufgenommene Vegetation der Ausgangsartenkomposition dar.

Die Abb. 11 integriert die mutuellen Ähnlichkeiten der Standortpaare über alle extrahierten Faktoren. Die geringsten Distanzen eignen dabei den Standorten der Küstensteppe zu der Vegetation der halophilen Senken im Inneren (Standorte 1 + 2 zu Standort 13). Auch untereinander sind sich die beiden Vegetationsaufnahmen der Küstensteppe von Hassi Djerbi und Zarzis verhältnismäßig ähnlich, wie die Abb. 10 in ihren Ebenen verdeutlicht. Die große Ähnlichkeit der drei angeführten Vegetationsaufnahmen beruht darauf, daß die Küstenstandorte wie die Senken des Inneren stark salzhaltige Substrate aufweisen. Die Halophilie bedingt eine ähnliche Artenkomposition. Die relativ große Ähnlichkeit der Küstensteppenvegetation von Hassi Djerbi (1) mit dem entsprechenden Vegetationszustand von 1954–1959 (9) verdeutlicht, daß die halophytischen Steppentypen gegenüber ihrem Zustand von vor 25 Jahren relativ wenig Veränderung erfahren haben. Eine etwas größere Distanz liegt allerdings zwischen der Vegetationskomposition der Küstensteppe bei Zarzis (2) und ihrer Ausgangsartenkomposition (14). Hier zeigt bereits das Auftreten von Gymnocarpos decander (vgl. Tab. 2) eine markantere Vegetationsveränderung an. Er verdrängt Lygeum spartum als ‚invader' infolge von Überweidungserscheinungen. Insgesamt erweisen sich halophytische Steppenareale als relativ wenig degradiert, weil sie nur eingeschränkt der Weidenutzung dienen können.

Relativ geringe Distanzen im fünfdimensionalen Ordinierungsraum kennzeichnen die geschützten Steppenareale (Standorte 3 und 4) zu ihren Ausgangsartenkompositionen von 1954–59 (10) sowie die Vegetationskomposition der ‚Brunnenumgebung' (6) zu einem Areal in Brunnennähe (7) zwischen Zarzis und Medenine. Trotz eines großen physiognomischen Unterschiedes zwischen der nahezu pflanzenfreien Umgebung des Brunnens im Umkreis von 50 m (6) und einer verhältnismäßig dichten Vegetationsdecke, die sich dem nach außen hin anschließt, ist die Ähnlichkeit beider Artenkompositionen eigentlich groß. Die Artenkomposition der weiteren Umgebung des Brunnens (Standort 7, weniger degradiert) erscheint jedoch ihrem Besatz von vor 25 Jahren (12) sehr unähnlich. Beiden Artengruppen eignet die größte Distanz im Faktorenraum. Eigenartigerweise ist die Distanz der physiognomisch stärker degradierten Vegetation in unmittelbarer Brunnennähe (6) zu der nämlichen Ausgangsartenkomposition (12) geringer. Dem liegt zugrunde, daß in die weniger degradierte Brunnenumgebung ‚invaders' eingedrungen sind (Retama raetam, Salvia aegyptiaca), die zu einer größeren Unähnlichkeit mit der Artenzusammensetzung von vor 25 Jahren führen, als wenn lediglich Arten eliminiert worden wären wie unmittelbar am Brunnen, wo eine extreme Viehdichte das Aufkommen von ‚invaders' verhindert hat. In der weniger überweideten Umgebung des Brunnens etablierte sich eine neue Pflanzengesellschaft. Am Brunnen selbst überdauern kümmerliche Reste der Ausgangsgesellschaft ohne neue phytische Akzente. So wie die geschützten Steppenstücke ihrem Ausgangsartenbesatz noch verhältnismäßig ähnlich sind, verhält es sich auch zwischen den benachbarten degradierten Steppenarealen mit Sandüberwehung zu einem bereits vor 25 Jahren degradierten Steppentyp gleicher soziologischer Ordnung (10). Die Degradation ist dort seitdem wenig fortgeschritten. Der Schutz der Steppe hat auf der anderen Seite noch zu keiner neuen Pflanzengesellschaft geführt. Eine große Unähnlichkeit zu ihrem Zustand von vor 25 Jahren erweist hingegen die bei Bou Grara nahe der ‚parcelle protégée' aufgenommene Steppenvegetation des Denudationstyps zu der bereits zwischen 1954–59 degradierten Steppe (8–12). Demnach hat die Denudation zu einer weiteren merklichen Vegetationsdegradation geführt, die nachhaltiger ist als bei dem Akkumulationstyp der Steppendegradation. Sehr große Distanzen im fünfdimensionalen Faktorenraum liegen zwischen den geschützten Steppenarealen (Standorte 3–4) und dem benachbarten, nur durch einen Zaun getrennten, degradierten Steppenareal (5) und seiner ungestörten Ausgangszusammensetzung (10). Hier erweist sich auf kleinstem Raum deutlich sichtbar das bedeutende Ausmaß der Degradationsvorgänge, indiziert von Vegetationsdifferenzen.

Im Gesamtbild erscheinen die unmittelbaren Küstensteppen sowie halophytische Senken am wenigsten degradiert. Stärkste Degradationen eignen den Denudationstypen der inneren Steppe, die sich physiognomisch Hamadas oder Regs annähern. Dazwischen stehen nach ihrem Degradationsgrad die Akkumulationstypen, bei denen der Sand eine gewisse Stabilität der Artenzusammensetzung garantiert. Am gravierendsten stellt sich die Degradation der Steppe des Denudationstyps im Streusiedlungsbereich von Medenine dar. Dort kann man in der Landschaft unmittelbar das Ausmaß des Bodenabtrags schätzen (vgl. Bild 1, S. 60). Die ehemals durchgehende Bodenoberfläche wird von Lygeum spartum bestanden. Isolierte Horste dieses Grases haben die Bodenreste inselhaft konserviert. Ungefähr 50 cm tiefer steht auf einer neuen durchgehenden Verebnung, einer ‚unteren Einebnungsfläche', lediglich Artemisia campestris an. Der Bodenabtrag muß 50 cm betragen haben. Vor sechs Jahren war diese Denudationsform dort noch nicht so deutlich erkennbar. Es handelt sich also um eine junge Erscheinung. HOUEROU (in OGLAT MERTEBA) stellte bei einer Rhanterium suaveolens-Steppe nahe Ben Gardane einen jährlichen Auswehungsbetrag des Substrates von 150–225 t/ha fest.

Eine weitere extreme Degradationsform des Denudationstyps zeigt in unmittelbarer Nähe von Streusiedlungshäusern bei etwas bewegtem Relief badlandartige

Einkerbungen (vgl. Bild 2, S. 60). Hier ist die Oberfläche, die man mittlerweile als Reg kennzeichnen könnte, nahezu völlig pflanzenleer. Sie steht damit in unendlicher Distanz zu ihrem Zustand von vor 25 Jahren. Noch vor sechs Jahren waren diese Siedlungen nicht vorhanden. Es wird in diesem Landschaftstyp das Endstadium einer Entwicklungsreihe bei fortdauernder Übernutzung deutlich.

Die Distanzierung der Artenkompositionen im fünfdimensionalen Raum bezog alle Arten in die Analyse des Degradationsgrades ein. Es soll zur weiteren Kennung der Degradation herausgearbeitet werden, wie die Degradation die Anteile von Artengruppen an der jeweiligen Gesamtartenzahl verändert hat. Dazu wurden Arealtypenspektren und Lebensformenspektren der Vegetationsaufnahmen des März 1982 untereinander und mit Spektren nach Vegetationsaufnahmen von HOUEROU (1959) verglichen. Damit kann erkannt werden, wie sich die Landschaftsveränderung in den Arealbeziehungen der Pflanzen und in dem Habitus ihrer Vergesellschaftung niedergeschlagen hat (vgl. Abb. 12 und Abb. 13).

Die Arealtypenspektren der Küstenvegetation von Hassi Djerbi und Zarzis machen deutlich, daß sich dort die relative Anzahl der mediterranen Spezies vermindert und die Anzahl der mediterran-saharischen Arten bzw. der saharo-arabischen Arten entsprechend erhöht hat. Dennoch dominieren dort weiterhin mediterrane Pflanzenarten, wie ansonsten nur noch in den ‚parcelles protégées' und den halophytischen Senken der inneren Steppe. Dort sind nach der Beispielaufnahme noch

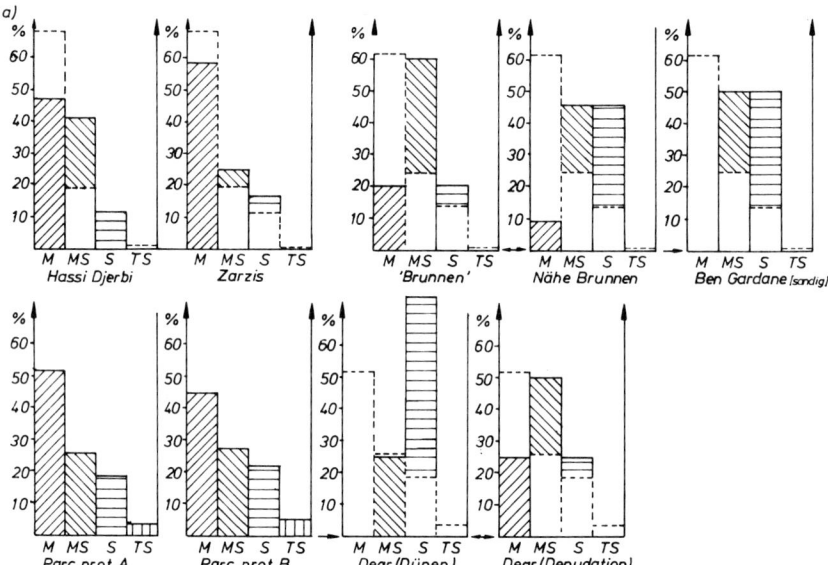

Abb. 12: Arealtypenspektren von Vegetationsaufnahmen in Südosttunesien/M = Mediterrane Arten; M-S = Mediterran-saharische Arten; S = Saharo-arabische Arten; TS = Tropisch-saharische Arten (weitere Legende: siehe Abb. 13)

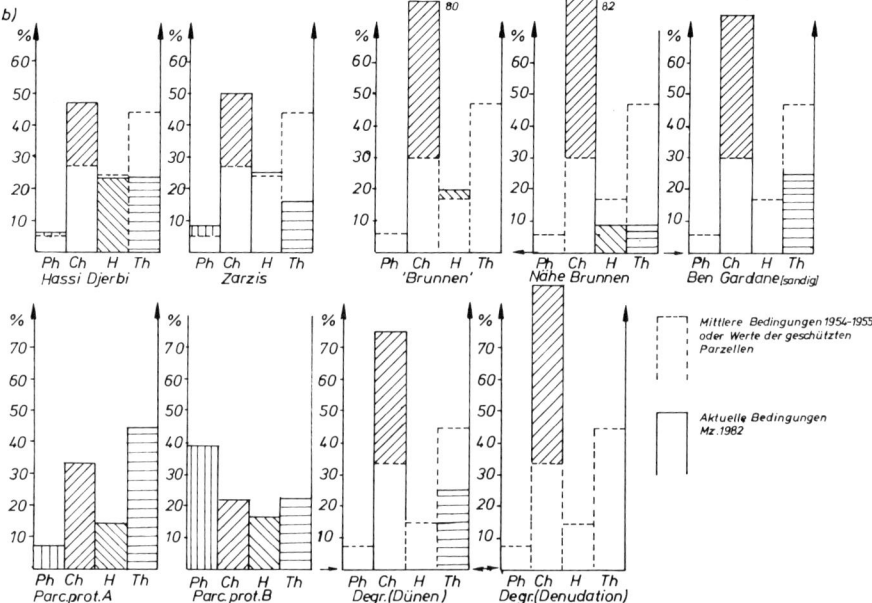

Abb. 13: Lebensformenspektren von Vegetationsaufnahmen in Südosttunesien/Ph = Phanerophyten; Ch = Chamaephyten; H = Hemikryptophyten; Th = Therophyten

50 % der Spezies dem mediterranen Florenelement zuzurechnen, 33 % der Arten gehören dem mediterran-saharischen und über 16 % dem saharo-arabischen Geoelement an. In den am wenigsten degradierten Steppenarealen herrscht demnach durchgehend das mediterrane Geoelement vor. In allen anderen Bereichen der Steppe ist die Landschaftsdegradation bereits so fortgeschritten, daß die mediterranen Spezies aus ihrer die Arealtypenspektren dominierenden Stellung verdrängt worden sind. An ihre Stelle tritt eine Dominanz mediterran-saharischer oder gar saharo-arabischer Spezies. Dies zeigt auf, daß der Prozeß der Landschaftsdegradation in diesem Raum durchaus als Desertifikation bezeichnet werden kann. Im phytogeographischen Sinne bedeutet Desertifikation eine Verdrängung nichtsaharischer Pflanzengesellschaften durch saharische Artenkompositionen. Dies wird besonders augenfällig am Brunnenstandort der Steppe zwischen Zarzis und Medenine sowie südlich davon an der Straße nach Ben Gardane. Dort sind auf Sandakkumulationen unter den vorherrschenden Arten keine mediterranen Spezies mehr anzutreffen. Die Vegetationsdecke der mediterranen Steppe ist vollständig in einen Wüstentyp übergegangen. Entsprechende Arealtypenspektren finden sich natürlicherweise erst südlich der 100 mm Isohyete, das heißt mehr als 100 km südwärts der analysierten Areale (vgl. FRANKENBERG und RICHTER, 1981). Ähnliche Aussagen lassen sich aus dem Vergleich des Artenbesatzes der geschützten Parzellen mit demjenigen der

ungeschützten benachbarten Steppenpartien des Akkumulations- und des Denudationstyps ableiten. Vor allem dem Akkumulationstyp der Degradation eignen hohe Anteile saharo-arabischer Spezies. Hier stellt sich also auch phytogeographisch der Erg ein. Der Denudationstyp wird dagegen von mediterran-saharischen Arten dominiert, wie sie für Wüstensteppenbereiche an der 100 mm Isohyete typisch sind. Der Akkumulationstyp weist so zwar eine eindeutigere saharo-arabische Prägung seines Artenbesatzes auf, er erscheint also desertifizierter, dennoch ist er weniger irreversibel degradiert als der Deflationstyp. Dies erwiesen die bisherigen Untersuchungen. Dem Akkumulationstyp bleibt ein Substrat, das als Bodenwasserspeicher dienen und damit perennen Pflanzen ein Überdauern der Trockenphasen ermöglichen kann. Man könnte somit zwar von der phytogeographischen Seite her die Regel aufstellen, daß mit zunehmendem Anteil saharo-arabischer Arten an Standorten auch deren zunehmende Desertifikation angezeigt wird, daß aber zunehmende Desertifikation nicht gleichbedeutend mit einer zunehmend irreversiblen Degradation ist. Eine Dominanz saharo-arabischer Spezies ist in diesem Steppenraum ökologisch positiver zu bewerten als eine Dominanz mediterran-saharischer Arten.

Ohne schädigende Eingriffe des Menschen würden sich in dem Untersuchungsraum Arealtypenspektren mit Dominanz mediterraner Arten einstellen, die das mediterran-saharische Geoelement als zweitstärkstes auswiesen. Eine derartige Artenzusammensetzung zeigen heute nur noch halophytische Steppenareale und geschützte Bereiche. In weiten Teilen des Untersuchungsraumes hat sich während der letzten Jahrzehnte die mediterrane Steppenvegetation zu einer Wüstensteppen- bzw. Wüstenvegetation entwickelt. Die Wüstenvegetation hat um weit mehr als 100 km nach Norden ausgegriffen.

Die Lebensformenspektren (Abb. 13) erweisen – wie die Arealtypenspektren – einen markanten Vegetationswandel während der letzten 25 Jahre, der sich somit auch im Habitus der Vegetation des Untersuchungsraumes niederschlägt. An allen bisher als degradiert bezeichneten Standorten tritt die gleiche Tendenz der Veränderung der Lebensformenspektren zutage, nämlich eine deutliche Erhöhung des Chamaephytenanteils, ein Rückgang des Therophytenanteils sowie eine Verminderung der Anzahl der Phanerophyten. Nur in den Küstensteppenbereichen haben sich die Phanerophyten behaupten können. Der Rückgang des relativen Anteils der Therophyten an den Lebensformenspektren ist vorwiegend auf den Abtrag des Feinsubstrates (Denudationstyp) oder seine ständige Umlagerung (Akkumulationstyp) zurückzuführen. Die Reduktion des Anteils der Phanerophyten beruht auf der Holzentnahme durch den Menschen zu Feuerzwecken und zum Bau seiner ‚kibs' beim Übergang zur Seßhaftwerdung. In Küstennähe wird den Steppen zu diesen Zwecken weniger Holz entnommen. Dort kann man sich des Palmholzes oder des Olivenholzes bedienen. Gegenüber den ungeschützten Steppenarealen macht vor allem die geschützte Parzelle B einen hohen Phanerophytenanteil deutlich. Er übertrifft sogar die Anteile der übrigen Lebensformen. Den natürlichen Zustand dürfte hingegen eher die geschützte Parzelle A wiedergeben. Dort dominieren die Therophyten das Lebensformenspektrum vor den Chamaephyten und Hemikryptophyten. Der Phanerophytenanteil liegt unter 10 %. Die wenigen Phanerophytenarten sind allerdings individuenreich und beherrschen das Bild der geschützten Steppe (physiognomische Savanne).

Mit der Degradation gehen die Lebensformenspektren des Untersuchungsraumes wie die Arealtypenspektren zu Typen der zentralen Sahara über, wenngleich dort in der Regel der Phanerophytenanteil höher ist, weil das Landschaftssystem kaum gestört wird.

Die Therophyten bilden einen wichtigen ökologischen Puffer im Landschaftssystem. Sie sind umso stärker, also individuenreicher vertreten, je feuchter die Bedingungen sind. Mit ihnen paßt sich die Pflanzendecke der hohen Niederschlagsvariabilität an. Sie nutzen Überschußwasser zu einer vermehrten Stoffproduktion der Steppenbiotope. Ihre Reduktion erhöht in feuchten Jahren die Abflußkomponente des Wasserhaushaltes, die Biomassenproduktion liegt weit unter den Möglichkeiten, wodurch es auch in feuchten Jahren bei einer Überstockung der Weidegründe bleibt. Die erhöhte Abflußkomponente steigert den Bodenabtrag und erschwert damit zusätzlich das Aufkommen von Therophyten. In einem Regelkreis werden die Steppenbiotope also immer therophytenärmer und verlieren damit ihre Flexibilität. Der Untersuchungsraum war an sich sehr günstig für das Aufkommen von Therophyten. Seine geringmächtigen Feinmaterialien über Krusten boten ideale edaphische Bedingungen, weil nach Regen eine rasche Durchfeuchtung erfolgte und das Wasser im Feinmaterialkörper verblieb. Die Krusten verhindern ein Abführen des Wassers in tiefere Schichten. Die Therophyten konnten dieses Niederschlagswasser optimal nutzen (vgl. FRANKENBERG, 1978). Der Abtrag des Feinmaterials (Denudationstyp) erschwert das Aufkommen der Therophyten. Gleiches gilt auch für mobile Sandakkumulationen. Die Samen geraten dort infolge der Sandmobilität in tiefere Schichten. Liegen sie tiefer als 3 cm in einem Sandkörper, so können die Samen nicht mehr auskeimen (vgl. MOTT, 1972). Zudem wird in Sandakkumulationen das Wasser rasch an tiefere Horizonte abgegeben, die von den Wurzeln der sich entwickelnden Therophyten nicht mehr erreichbar sind.

Der hohe natürliche Therophytenanteil der Steppen des Untersuchungsraumes ließ das Ökosystem sehr variabel erscheinen. Damit reagierte es auf die Niederschlagsvariabilität. Auch der Mensch war dem angepaßt. Die Nomaden nutzten frisch aufgekommene Therophytenrasen („acheb'). Mit Spürsinn trieben sie ihre Tiere an Stellen, wo gerade Niederschlag gefallen war. Zunächst gab der Mensch diese Flexibilität auf. Daher degradierte er die Steppe so, daß auch diese ihre Flexibilität verloren hat. Das ökologische Gleichgewicht ist zerstört.

4.3 Synthese der Vegetationsdegradation

Es konnten zwei wesentliche Degradationstypen der Steppe des Untersuchungsraumes unterschieden werden: der Denudationstyp und der Akkumulationstyp. Irreversibel geschädigt erscheint vor allem der Denudationstyp. Die geringste Degradation weisen halophytische Areale auf. In weiten Teilen des Untersuchungsraumes haben sich die mediterranen Steppen zu einer Wüste entwickelt. Diese Feststellungen lassen naturgemäß die Frage nach einer möglichen Restitution von Steppenarealen aufkommen. Eine Möglichkeit bietet die Weiderotation. Dabei bleiben bestimmte Areale über eine ausreichende Zeitspanne unbeweidet, um sich in ihrem Arten- und Individuenbestand regenerieren zu können. FLORET (1981) untersuchte über sieben Jahre die Vegetationsentwicklung auf geschützten Parzellen verschiedener Substrattypen in der Nähe von Gabès. Er kam zu dem Ergebnis, daß nur auf einem leicht sandigen Substrat eine wirkliche Regeneration der Steppe erfolgte. Nach einem Abtrag des Feinmaterials (Denudationstyp) konnte sich auch nach sieben Jahren noch nicht annähernd wieder die ursprüngliche Vegetation einstellen. Der Akkumulationstyp mobiler Sande wurde nicht in die Untersuchungen FLORETs (1981) einbezogen. Die Abb. 14 zeigt nach Daten aus FLORET (1981) die zeitliche Entwicklung der Frequenz von vier Arten an einem leicht übersandeten Standort. Diese Arten sind auch an dem ‚Brunnenstandort' der eigenen Analyse auf ähnlichem Substrat vertreten. Damit können die Ergebnisse für die mögliche Entwicklung derartiger Standorte der Steppe zwischen Zarzis und Medenine bei längerem Schutz vor Beweidung stehen. In der Abb. 14 sind überdies die Niederschlagsaufkommen der entsprechenden Zeiträume eingetragen, um die Abhängigkeit der Ver-

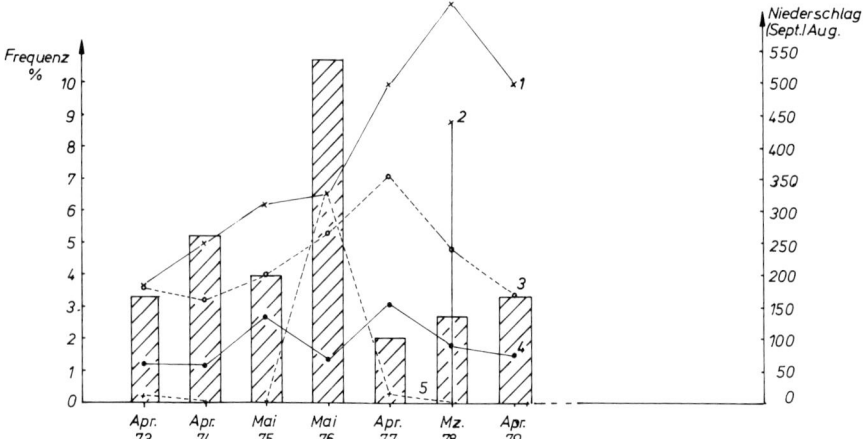

Abb. 14: Vegetationsentwicklung auf einer geschützten Fläche bei Gabès (nach Daten aus FLORET, 1981)/1 = Rhanterium suaveolens; 2 = Pithuranthos chlorantus; 3 = Echiochilon fruticosum; 4 = Helianthemum lippii; 5 = Artemisia campestris

änderung der Frequenz der vier Arten nicht nur von der Zeit, sondern auch vom Niederschlagsaufkommen deutlich zu machen. Nach einfachen Korrelationsanalysen weist von den vier in ihrer Entwicklung aufgetragenen Arten lediglich Rhanterium suaveolens eine eindeutig positive Korrelation mit der Zeit aus (r = 0,93). Die Frequenz dieser saharischen Art steigert sich demnach signifikant von Jahr zu Jahr unabhängig vom Niederschlagsaufkommen (r = − 0,26), lediglich als Folge der Schutzmaßnahmen vor Beweidung. Alle anderen Spezies erweisen sich in ihrer Frequenzentwicklung unabhängig von der zeitlichen Protektion der Parzelle. Das Niederschlagsaufkommen des jeweils gleichen hydrologischen Jahres steuert offenbar lediglich die Frequenz von Artemisia campestris (r = 0,83). Sie reagiert mit ihrer Frequenz sofort auf Feucht- und Trockenphasen der Herbstwitterung. Bei zeitverschobenen Korrelationen erwies sich jedoch eine enge positive Beziehung zwischen dem Niederschlagsaufkommen und der Entwicklung von Helianthemum lippii sowie von Rhanterium suaveolens. Bei einem ‚time lag' von vier Jahren resultieren die höchsten Korrelationskoeffizienten (r = 0,85; r = 1,00) zwischen dem Niederschlagsaufkommen und der Frequenz von Helianthemum sp. sowie Rhanterium sp. Demnach würde erst vier Jahre nach einer optimal feuchten Phase die Entwicklung der beiden Spezies ihr Optimum erreichen, um danach in ihrer Frequenz zurückzugehen. Dies ist ein Hinweis darauf, daß nach hygrisch optimalen Jahren lange Protektionszeiten der Steppenvegetation vonnöten sind, um eine den äußeren Bedingungen angepaßte optimale Vegetationsdecke entstehen zu lassen. Bei sorfortiger Beweidung – dies ist ja die Regel – stellt sich bei der Mehrzahl der perennen Spezies kaum eine Resultierende optimaler hygrischer Bedingungen ein. Die Einzelpflanze entwickelt sich zwar besser, es kommen jedoch kaum neue Individuen dazu. Lediglich Artemisia campestris-Bestände könnten nach einem feuchten Herbst sehr bald beweidet werden. Artemisia campestris-Weiden könnten somit als Puffer dienen, wenn Weiden anderer Artenkomposition vor Beweidung geschützt sind. In ausgesprochenen Trockenjahren würden diese Artemisia-Bestände allerdings als Nahrungsquelle der Weidetiere auch völlig entfallen können.

Die ökologische Funktion von Artemisia campestris scheint erkannt worden zu sein. Man pflanzt diese Art auf künstlich angelegten Steppenstreifen längs der Straße zwischen Medenine und Zarzis an. Diese Steppenstreifen verbinden die dort über einer Wasserleitung neu angelegten Wasserentnahmestellen.

5. Degradation von Kulturland

Die Degradation von Kulturland ist schwieriger zu erfassen als die der verbliebenen Steppenareale, weil Dauerkulturen vorherrschen und damit der Pflanzenbestand kaum eine Indizierung der Degradation gestattet. Die Feststellung der Degra-

Bodentemperaturen an einer Düne (Kulturland)

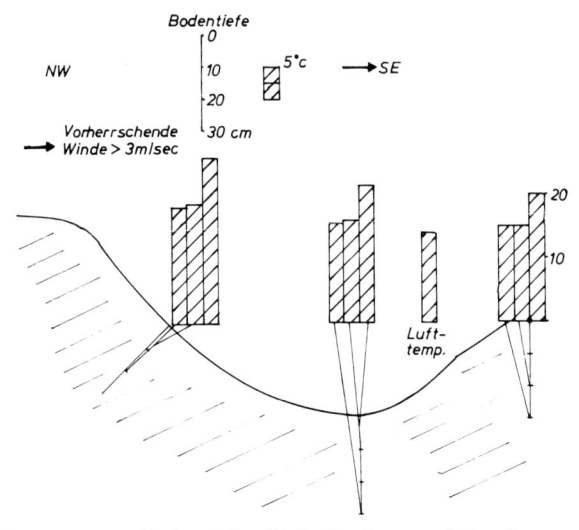

Abb. 15: Bodentemperaturen in einer Düne (Kulturland) am westlichen Ortsausgang der Oase Zarzis (Messungen am 24. März 1982 in 10 cm, 20 cm und 30 cm Tiefe)

dation muß sich so an dem Zustand des ‚Bodens' orientieren, wie sich dies bereits in der Kartierung der ‚aktuellen Bodenbedeckung' (vgl. Abb. 5) niedergeschlagen hat. Den entsprechenden Ausführungen werden hier einige Ergänzungen beigegeben. Die Ölbaumkulturen weisen – wie die Steppenareale – als die weitflächigste Kulturart zwei Hauptdegradationstypen aus: den Denudationstyp und den Akkumulationstyp. Die Sandakkumulationen sind weitgehend mobil geblieben. Sie werden vornehmlich von Winden > 3 m/sec weitertransportiert. Diese Winde wehen vorherrschend aus nordwestlichen Richtungen.[6] Dementsprechend wandern die Dünensysteme des Kulturlandes nach Südosten. Die Mobilität der Dünen an ihrer kritischen Südostflanke wird durch ihre Sonnenexponierung gefördert. An der Südostflanke der Dünen treten die höchsten Temperaturen, die schnellste Abtrocknung nach Regenfällen und die höchsten Verdunstungswerte auf. Ein Aufkommen fixierender Vegetation wird dadurch weitgehend verhindert. Messungen der Bodentemperaturen in 10, 20 und 30 cm Tiefe belegen dieses thermisch gesteuerte Phänomen (vgl. Abb. 15). In dem Dünensystem einer Ölbaum-Feigenkultur nahe Zarzis erwies sich die Bodentemperatur der SE-Flanke in 10 cm Tiefe um ca. 10 °C höher als in der Dünenmulde oder auf der Kuppe. Auch die in größeren Tiefen gemessenen Temperaturen stellten sich an der SE-Flanke der Düne höher dar als an den übrigen Meßpunkten. Auf der Kuppe wurden jeweils die niedrigsten Werte registriert. Die

[6] freundliche mündliche Mitteilung von Houssine Khatteli, Institut des Régions Arides in Medenine, der sich seit langem mit Dünenwanderungen bei Neffatia und Ben Gardane beschäftigt.

Überwärmung der SE-Flanke zeigt sich somit als ein zeitlich dauerhafteres Phänomen. Sonnenexposition und Windrichtung lassen die Dünen interaktiv von NW nach SE wandern, wobei sich die Vorderseite als besonders mobil erweist.

Für die vorhandene Ölbaumkultur hat die Sandakkumulation zunächst kaum eine negative Wirkung. Der Sand erleichtert sogar die Infiltration von Niederschlagswasser, wie dies eigentlich durch die Bodenbearbeitung geschehen sollte. Sand gibt überdies das Wasser schnell an tiefere Horizonte ab und entzieht es so rasch der Verdunstung. Die Sandakkumulationen erschweren jedoch die Neuanlage von Pflanzungen. Bei Zarzis hat man versucht, Feigen- und Mandelbäume auf Dünen zu setzen. Ihre Wasserversorgung gestaltet sich allerdings vor allem in der Jugendphase sehr schwierig. Sie zeigten in dem relativ trockenen Jahr 1981/82 starke Schädigungen.

Die Denudation des Bodens in Ölbaumkulturen erschwert das Gedeihen der Bäume. Je weniger Feinmaterial auf den überall anstehenden krustalen Bildungen liegt, desto geringer ist die Infiltrationskapazität des Bodens. Ein Großteil der Niederschlagsmenge fließt ungenutzt in irgendwelche Senken oder Wadis ab. Die Ölbäume benötigen indes das volle mittlere Niederschlagsaufkommen dieser Region von etwa 200 mm, um Frucht zu bringen. Bei Bodenabtrag vermindert sich der Ernteertrag.

6. Die Bodenfeuchte verschieden degradierter Landschaftseinheiten

Das Bodenwasser ist ein entscheidendes Systemglied zwischen Vegetation und Klima. Nur bei Vorhandensein eines ausreichend mächtigen Bodens kann der Teil des gefallenen Niederschlags, der nicht verdunstet oder abfließt, im Boden über längere Zeiträume gespeichert werden. Das Bodenspeicherwasser versorgt die Pflanze mit Wasser und gestattet ihr die Überdauerung längerer niederschlagsloser Perioden. In Südosttunesien ist dies die Zeit zwischen April und August. Ohne Bodenspeicherwasser können Pflanzen Trockenphasen nicht überdauern. Die Beseitigung des ‚Feinmaterials Boden' ist daher ein entscheidender Prozeßteil der Landschaftsdegradation. Es ist eine weitgehend irreversible Schädigung. Messungen der aktuellen Bodenfeuchte können diese Zusammenhänge für die verschiedenen näher untersuchten Steppen- oder Kulturlandareale verdeutlichen. Die Bodenfeuchtemessungen wurden während mehrerer aufeinander folgender niederschlagsloser Tage mit einem CM-Gerät vorgenommen. Die resultierenden Werte sind daher untereinander vergleichbar (vgl. Abb. 16). Der erste Teil der Abb. 16 zeigt den Bodenwassergehalt verschiedener Tiefen in schwachsandigen halophytischen Senken. Die Messungen wurden in drei vom Vegetationsbild her verschieden stark degradierten Arealen vorgenommen. In 10 cm und in 50 cm Tiefe erwies sich der Bodenwasser-

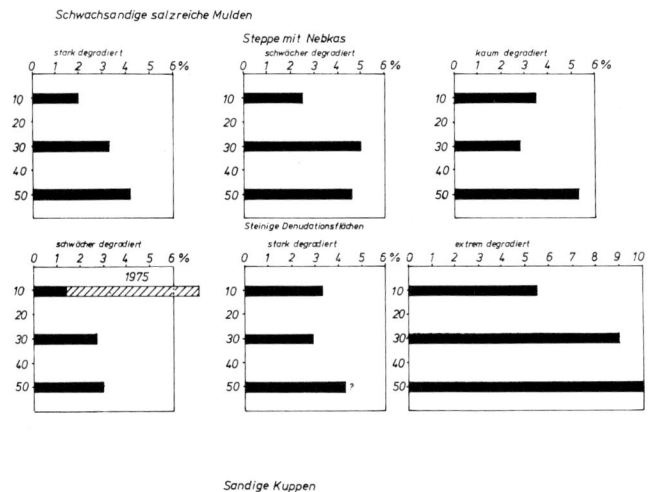

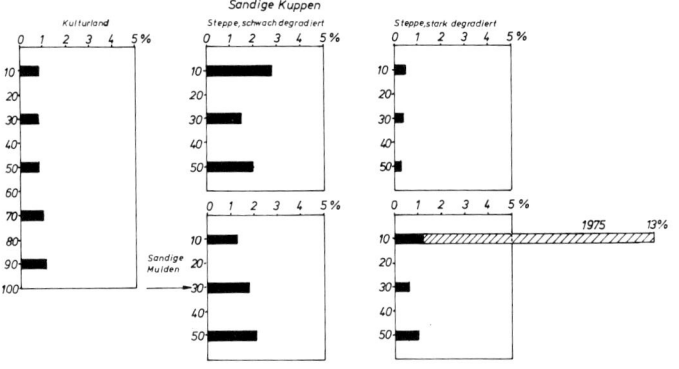

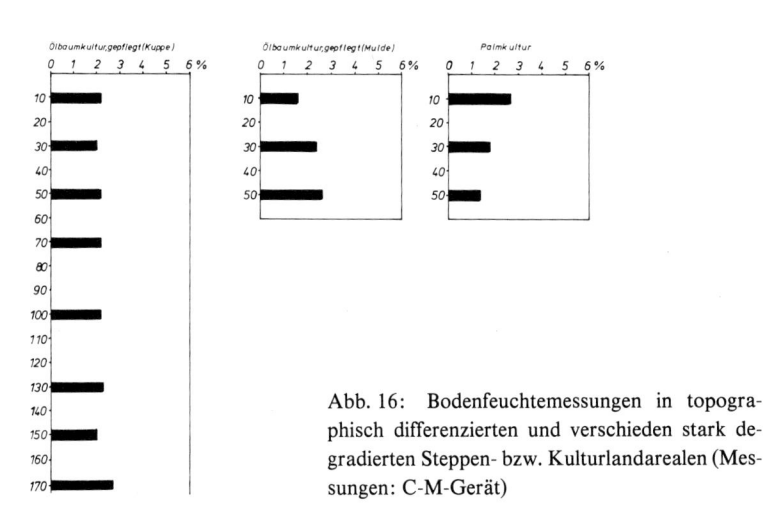

Abb. 16: Bodenfeuchtemessungen in topographisch differenzierten und verschieden stark degradierten Steppen- bzw. Kulturlandarealen (Messungen: C-M-Gerät)

gehalt um so geringer, je stärker degradiert die Testfläche erschien. Lediglich in 30 cm Tiefe lag der Bodenwassergehalt in dem noch am dichtesten mit Vegetation bestandenen Steppenareal unter dem des nahezu vegetationsfreien, stark degradierten Steppenstückes. In dieser Tiefe war der Hauptwurzelhorizont ausgebildet. Der dichte Pflanzenwuchs des weniger degradierten Steppenareals hatte infolge langandauernder Trockenheit dem mittleren Bodenhorizont bereits viel Wasser entnommen, das bei einer weniger dichten Vegetationsdecke im Substrat verbleiben konnte. Im Mittel erwies sich jedoch eine deutliche Abnahme der Wasserkapazität und des Wassergehaltes der Substrate mit zunehmender Degradation, weil die Infiltrationskapazität der Böden verringert wird und weil der Anteil der Fein- und Mittelporen deutlich zurückgeht. Bei Denudationsprozessen werden vornehmlich die feinen Korngrößen ausgesondert.

Bei nahezu völligem Abtrag von feinem Verwitterungsmaterial wird die unterliegende, noch nicht kompakte Gipskruste zum Reservoir des Niederschlagswassers, das nicht abfließt oder verdunstet. Dann stellen sich die Relationen des Bodenfeuchtegehaltes anders dar als bei Sandakkumulationen (vgl. Abb. 16). Auf verschiedenen Denudationsflächen von Steppenarealen wurden die Bodenfeuchtemessungen – differenziert nach dem physiognomischen Degradationsgrad der Vegetation – vorgenommen. Der Bodenfeuchtegehalt stellte sich um so höher dar, je weniger Pflanzen die Testfläche bestanden, je stärker diese also degradiert war. Bei nur geringen Substratunterschieden ist der Wassergehalt um so geringer, je mehr Transpirationsleitbahnen vorhanden sind. Allerdings erwies sich das ‚Bodenwasser' vielfach an Gips- oder Kalkgerölle gebunden und ist so größtenteils dem Totwasser zuzurechnen. An einer Meßstelle war bereits im März 1975 eine Bodenfeuchtemessung vorgenommen worden. Es zeigt sich markant der damals höhere Bodenfeuchtegehalt. Die Regenzeit von 1975 war ausgesprochen feucht, die von 1981/82 besonders defizitär. Dennoch lag der Bodenwassergehalt des Frühjahrs 1982 zumeist über dem permanenten Welkepunkt der Vegetationsdecke, den man bei sandigem Substrat für die darauf stockenden Steppenpflanzen mit 1 % ansetzen kann. Deutlich höher liegt der permanente Welkepunkt der Pflanzen auf den denudierten Steppenarealen. Dort hatte sich im Frühjahr 1982 der Bodenwassergehalt dem permanenten Welkepunkt angenähert. Dies machte auch der Zustand der Pflanzendecke deutlich. Bei Artemisia sp. zeigten sich für das Ende der Regenzeit auffallend viele vertrocknete Triebe. Die Mehrzahl der Pflanzen schien braun.

Die Testflächen in Steppenarealen sandiger Kuppen machten ähnliche Relationen des Bodenwassergehaltes deutlich wie die sandigen Mulden, bei allerdings erheblich geringeren Wassergehalten. In den Mulden strömt ja Niederschlagswasser zusammen, von den Kuppen strömt es weg. Je stärker degradiert sich diese sandig-kuppigen Flächen darstellten, desto geringer war der Bodenwassergehalt. Er unterschritt teilweise den permanenten Welkepunkt. Bei geringerer Degradation zeigte sich erneut die Reduktion des Bodenwassergehaltes im Hauptwurzelhorizont der Steppenpflanzen. Er näherte sich dort dem Welkepunkt. Für die nachfolgende Trockenzeit stand zu vermuten, daß ein Großteil der perennen Steppenpflanzen auf den Kuppen erhebliche Dürreschäden erleiden würde. Es stellt sich bei solchen Verhältnissen wie in Wüstenräumen das Bild der kontrahierten Vegetation ein. Eine Vergleichsmessung von März 1975 belegt, um wieviel höher der Bodenwassergehalt damals auf diesen sandigen Kuppen am Ende einer ergiebigen Regenzeit gewesen ist. Mit 13 % zeigte er einen reichen Vorrat an, mit dem sich leicht die Trockenzeit überbrücken ließ.

Der Bodenwassergehalt sandiger Kuppen stellt sich ähnlich dar dem Bodenwassergehalt eines stark degradierten Steppenareals gleichen Substrates.

Das Kulturland zeigte sich ohne jeden Unterwuchs unter den in dem Dünengelände angepflanzten Feigenbäumen, war also vom Aspekt der Steppe her völlig degradiert. Im Bereich der Dünenkuppe des Kulturlandes überstieg der Bodenwassergehalt erst in 90 cm Tiefe den permanenten Welkepunkt der Steppenpflanzen. Die Wurzeln der Feigenbäume reichten bereits tiefer. Für eine ‚natürliche Vegetation', die die Düne fixieren könnte, reichte in dem trockenen Frühjahr der Bodenwassergehalt überhaupt nicht aus. In der Dünenmulde des Kulturlandes, in der ja Niederschlagswasser konfluiert, lag der Bodenwassergehalt über den Werten der Kuppe. Dort kamen auch, da die Düne nicht künstlich von weiterem Bewuchs freigehalten wurde, Steppenpflanzen auf. Der Bodenwassergehalt im Wurzelhorizont lag deutlich über dem permanenten Welkepunkt.

In gepflegten Ölbaumkulturen, in denen die Bodenbearbeitung die Infiltration des Niederschlagswassers erleichtert, entspricht der Bodenwassergehalt demjenigen der Muldenlagen sandüberwehter Kulturen. Selbst in einem so trockenen Frühjahr wie 1982 könnten also zwischen den Ölbäumen Steppenpflanzen aufkommen und muß daher der Boden künstlich freigehalten werden. Bis in eine Tiefe von 1,70 m übersteigt der Bodenwassergehalt allerdings nicht die 3 %-Marke. In diesen Horizonten sind bereits Wurzelsysteme der Ölbäume ausgebildet. Sie reichen jedoch in tiefe Klüfte der Kalkkrusten (maximal 35 m tief), in denen sich Wasser sammelt.

In einer unbewässerten Palmenkultur reichte der Wassergehalt des Bodens ebenfalls aus, um die aufgekommenen Steppenpflanzen hinreichend zu versorgen. Der Bodenwassergehalt nimmt dort von oben nach unten ab. Die Palmen stehen so dicht, daß sie den Oberboden permanent beschatten. So verdunstet aus ihm relativ wenig Wasser, während die Steppenpflanzen den tieferen Horizonten Wasser entnehmen.

6.1 Der C-Gehalt der Substrate verschieden degradierter Landschaftseinheiten

Neben dem Bodenwassergehalt ist für die Pflanzen die Bodenqualität entscheidend, die vornehmlich die Relationen von pflanzenverfügbarem zu Totwasser sowie

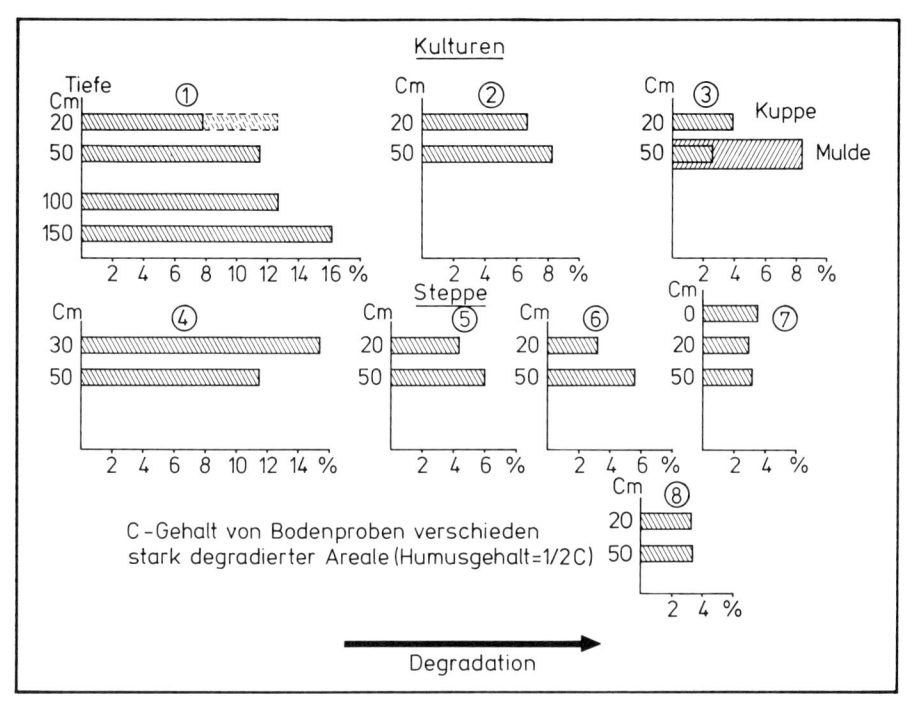

Abb. 17: C-Gehalt (Humusgehalt) von Bodenproben verschieden stark degradierter Steppen- bzw. Kulturlandareale (Brennofen-Verfahren)

die Austauschkapazität steuert. Ein wesentliches Kriterium der Bodenqualität ist der Humusgehalt. Er läßt sich über den C-Gehalt approximieren. Bei Landschaftsdegradationen ist die Veränderung des C-Gehaltes ein wesentliches Kriterium, weil eine Abnahme des C-Gehaltes auf längerfristige Störungen weist.

Es wurden daher in den einzelnen, näher untersuchten Steppen- und Kulturlandschaftsarealen Bodenproben entnommen. Ihr C-Gehalt wurde mittels eines Brennofens bestimmt. Die Abb. 17 macht die unterschiedlichen C-Gehalte der Proben, differenziert nach dem Degradationsgrad der Vegetation, dem Substrat und der topographischen Situation, deutlich.

Verglichen mit den mitteleuropäischen Böden liegt der C-Gehalt der bodenartigen Formen des Untersuchungsraumes relativ hoch. Geht man davon aus, daß der Humusgehalt etwa 1/2 C entspricht (SCHEFFER/SCHACHTSCHABEL, 1979, S. 30/31), so zeigt keine Probe die Kategorie ‚humusarm' an. Einige Proben ordnen sich sogar in die Kategorie ‚humos' ein. Damit dürfte der Humusgehalt der Substrate des Untersuchungsraumes keine Einschränkung des Pflanzenwachstums bedingen, nicht einmal in den am stärksten degradierten Arealen. Offenkundig wird jedoch, daß sowohl auf Kulturland (Ölbaumkulturen) als auch in den Steppenregionen der Humusgehalt mit zunehmender Degradation deutlich zurückgeht. Die Degradation ist angezeigt durch den Pflanzenwuchs sowie Denudations- und Akkumulationserscheinungen des Substrates. Mit zurückgehendem Pflanzenwuchs geht der Humusgehalt ebenfalls zurück, weil weniger organische Masse anfällt. Bei Denudationsprozessen wird vor allem vom Oberboden humusreiches Material abgetragen. Bei Akkumulationsprozessen mobiler Sande ist der Humusgehalt an der Oberfläche zunächst gering. Er kann auch später infolge der anhaltenden Mobilität der Sande kaum gesteigert werden, weil Humusneubildungen umverteilt und damit aus den Wurzelbereichen von Pflanzen wieder entfernt werden.

In den ‚gepflegten Ölbaumkulturen' nimmt der Humusgehalt von oben nach unten zu. Die Denudation des Oberbodens hat dort den Humusgehalt vermindert. Dies zeigt sich ähnlich in den stärker degradierten Steppenarealen. Lediglich die von ihrem Pflanzenbesatz her weniger degradierte Küstensteppe (4) erweist in den oberen Horizonten höhere Humusanteile als darunter. Bei Sandakkumulationen stellen sich deutliche Unterschiede zwischen Kuppe und Mulde heraus. Die Kuppe erscheint wesentlich humusärmer. Ihre edaphische Trockenheit (s. o.) verhindert weitgehend das Aufkommen von Pflanzen, die erst organische Masse als Basis der Humifizierung liefern könnten.

Die zunehmende Reduktion des Humusanteils der Substrate infolge der anthropogen induzierten Degradationsprozesse erhöht den Wasserstreß und stellt damit einen die Degradation verstärkenden ‚feedback-Mechanismus' dar. Dem könnte

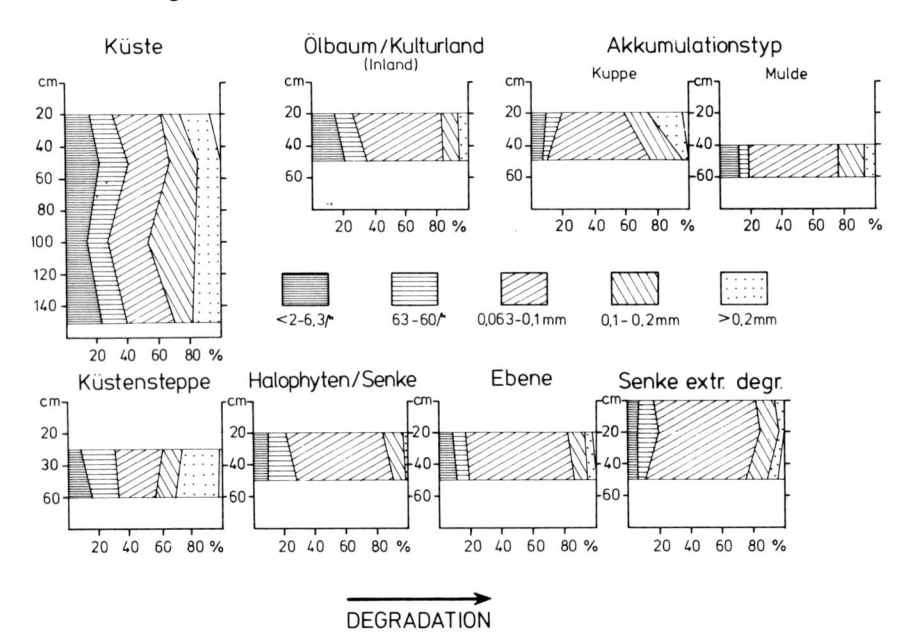

Abb. 18: Veränderung der Bodenart infolge von Degradationserscheinungen (Korngrößenanalysen von Bodenproben verschieden stark degradierter Steppen- bzw. Kulturlandareale)

erst eine Einbringung von Humusmaterial abhelfen. Darin läge womöglich eine entscheidende Anti-Degradationsmaßnahme.

Korngrößenanalysen von Bodenproben einzelner Kulturland- und Steppenareale verschiedenen Degradationszustandes sollen exemplarisch die Änderung der Bodenart mit zunehmender Degradation, angezeigt von dem jeweiligen Vegetationsbesatz, aufzeigen (vgl. Abb. 18).

Es fällt dabei zunächst einmal ein Kontrast zwischen den Bodenarten küstennaher und küstenfernerer Standorte ins Auge. In küstennahen Bereichen ist der Anteil an Mittel- und Grobsand zuungunsten des Feinsandes wesentlich höher als im Inneren des Untersuchungsgebietes. Mit zunehmender Degradation der Vegetation reduziert sich generell der Anteil der Ton- und Schlufffraktion an den Korngrößenspektren. Damit vermindern sich Porenvolumen und Feldkapazität der Substrate. Der potentielle Bodenwasservorrat ist geringer, je gravierender nach dem Pflanzenbesatz der Degradationsgrad erkannt worden war. Demnach wirkt sich die Degradation selbstverstärkend aus. Je weniger Pflanzen eine Fläche bestehen, um so mehr vermindert sich in ihrem Substrat der Anteil feiner Poren und damit der potentielle Wasservorrat im Boden, der zur Überbrückung von Trockenphasen für perenne Pflanzen unentbehrlich ist und die Vorraussetzung des Aufkommens von Therophyten darstellt. Damit reduziert sich auf degradierten Böden die Pflanzendecke in trockenen Phasen noch mehr, so daß eine weitere Verminderung des Porenvolumens folgt, bis schließlich in einem Endstadium der Entwicklung der Boden abgetragen und das Areal pflanzenfrei ist, ein Zustand, der heute bereits in der Umgebung der Streusiedlungen von Medenine erkannt werden kann.

7. Ursachen der Landschaftsdegradation

Der Landschaftsdegradation in einem Steppenbereich am Rande der Wüste liegen – wie jeder Zerstörung derartiger Landschaftssysteme – zwei wesentliche Ursachenkomplexe zugrunde: ein anthropogener und ein klimatischer. Die menschlichen Eingriffe in das natürliche System hätten nicht derart gravierende Folgen, wenn das Klimaregime nicht so variabel wäre. Dem Menschen fehlt heute die Fähigkeit, sich mit einer hohen Flexibilität der Variabilität der Naturbegingungen anzupassen.

7.1 Anthropogene Ursachen

Die primäre Ursache der Landschaftsdegradation des Untersuchungsraumes liegt in einer nicht mehr naturadaptierten agrarischen Nutzung des Steppenraumes zwischen Zarzis und Medenine, wohingegen auf Djerba eine noch weitgehend traditionelle Argarnutzung mit den natürlichen Ressourcen einigermaßen im Gleichgewicht steht (vgl. Abb. 5 und 6). Auch für die unmittelbare Umgebung der Oase Zarzis kann noch ein gewisses Equilibrium von Natur und Nutzung angenommen werden, namentlich für die Garten- und Palmenkulturen, weniger für die beweideten Steppenareale. In den weitflächigen Ölbaumkulturen führt die zunehmende Mechanisierung der Bearbeitung zu einer potenzierten Bodenzerstörung (Akkumulation/ Denudation). Die verbliebenen Steppenareale sind übernutzt, vor allem dort, wo Nomaden seßhaft geworden sind, wie in der Umgebung von Medenine. Die Steppe wird heute als Dauerweide genutzt. In Trockenjahren geringerer Biomassenproduktion wird nicht mehr auf entfernte Areale ausgewichen. Das gegenwärtige Landschaftssystem der Steppe erträgt keine höhere Besatzdichte an Tieren als 2 Ziegen oder Schafe bzw. 1 Dromedar/ha. Diese Besatzdichten werden im gesamten Untersuchungsraum überschritten, wodurch in Verbindung mit der Aufgabe der Wanderungen die Steppendegradation initiiert wird.[7]

Einen noch gravierenderen Eingriff in das Landschaftssystem der Steppe stellen die Feldbauversuche dar. Sie werden als Folge der Mechanisierung zahlreicher.

Die Degradation der Steppe ist demnach eingebunden in einen allgemeinen Wandel der Lebens- und Wirtschaftsweise ihrer Bewohner (vgl. Abb. 19). Zu Beginn der Protektoratszeit herrschte in der Steppe die nomadische Nutzung vor, während um Zarzis und auf Djerba bereits der heutigen Nutzungsform sehr ähnliche Strukturen bestanden. Mit Beginn der Sedentarisation ging das Land bereits in Privatbesitz der Nomaden über. Sie schränkten ihre Weidewege ein und konzentrierten sich mehr auf den Kleinviehnomadismus. Es begann die Übernutzung einzelner Steppenareale, von der heute die Nebkas zeugen. Mit einer starken Bevölkerungsvermehrung ging die völlige Sedentarisation einher, die sich um die Gouvernoratshauptstadt Medenine konzentriert. In wenigen Jahrzehnten hatte sich die Bevölkerung verdoppelt. Dies führte nun zu einer gravierenden Übernutzung gerade der Steppenareale im Umkreis von Medenine. Der Zerstörung der Vegetationsdecke folgte die Bodendenudation bzw. die Akkumulation mobiler Sande. Die Verminderung der Feldkapazität der Substrate verstärkte die Vegetationsdegradation im Sinne eines ‚feedback'. Im Zuge der Sedentarisation fixierten die ehemaligen Nomaden überdies ihre Feldbauversuche. Mit Hilfe von Kapital, das die abgewanderten Arbeitsfähigen transferierten oder durch Tätigkeiten im Tourismus gewonnen wurde, konnte die Mechanisierung vorangetrieben werden. Traditionelle Formen der Feldbauversuche wurden mitunter aufgegeben, mit gravierend negativen Folgen für das Gleichgewicht des Steppensystems.

Die in weitständige Ölbaumkulturen verwandelten Teile der Steppen – vor allem östlich des Oued Bou Ahmed – erlebten von Beginn an (Ende des vorigen Jahrhun-

---

[7] freundliche Mitteilung des Institut Pédologique Medenine.

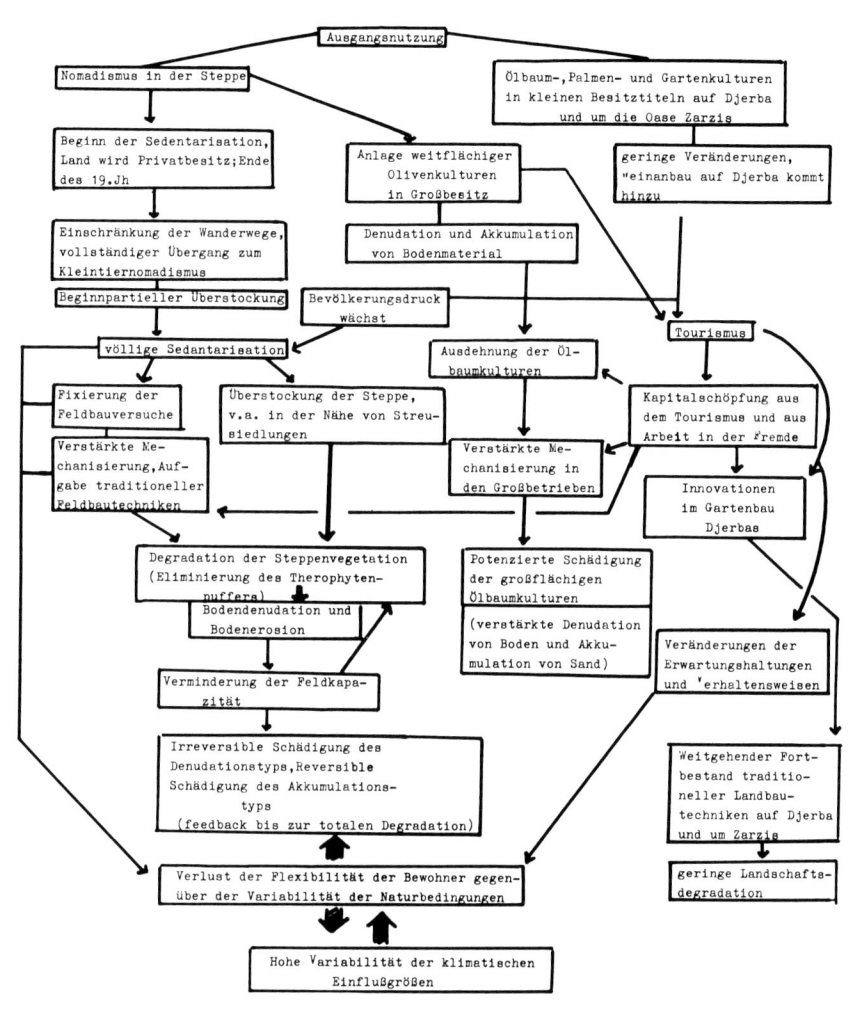

Abb. 19: Schema der anthropogen induzierten Landschaftsdegradation in Südosttunesien

derts) eine Degradation durch Denudation oder Akkumulation der feineren Korngrößen des Substrates, weil auf Unterkulturen verzichtet wurde und bei den großen Besitzeinheiten auch keine ‚tabias' Schutz vor Auswehung oder Anlagerung sandiger Korngrößen bieten. Die Besitzer der größeren Ölbaumkulturen investierten in den 60er Jahren in den Tourismus und legten den resultierenden Gewinn teilweise in einer Mechanisierung ihrer Feldbestellung an. Die Verwendung von Traktoren mit Pflügen und Eggen führt bereits bei der Bearbeitung zu einem nennenswerten Abtrag von Feinmaterial. Jeder Traktor ist von einer Staubwolke umgeben. Die Kulturlandschaftsdegradation hat sich beschleunigt.

Der Tourismus erbrachte nicht nur Kapitalgewinn und Arbeitsplätze, er veränderte auch in einem weiten Umfeld Verhaltensweisen und Erwartungshaltung der Bewohner. Es trug mit der Propagierung europäischer Verhaltensmuster dazu bei, den Menschen der Steppe weniger flexibel werden zu lassen.

7.2 Klimatische Einflußgrößen der anthropogen induzierten Landschaftsdegradation

Ohne Eingriffe des Menschen fände in Südosttunesien zur Zeit kaum ein merklicher Landschaftswandel statt. Unter einem weniger variablen Klima zeitigte allerdings der menschliche ‚impact' auch kaum so gravierende Folgen für das Landschaftssystem. Das klimatische Hauptproblem dieses Raumes ist die Unregelmäßigkeit des Niederschlagsaufkommens. Fällt zuwenig Niederschlag, dann verdorren auch perenne Pflanzen, das Vieh konzentriert sich auf die verbleibenden Individuen und schädigt diese daher um so mehr. Der Boden wird für denudative und erosive Prozesse aufbereitet. Einen Großteil des Bodenabtrags leistet neben dem Wind das Wasser. Infolge der Degradation wird die Abflußkomponente erhöht. Vor allem die Starkregen feuchter Phasen fördern den Bodenabtrag. Somit wirken extrem trockene und extrem feuchte Jahre landschaftsdegradierend.

Das Häufigkeitsdiagramm der Niederschläge von Djerba (1901–1976) (Vgl. Abb. 20) macht deutlich, mit welcher Wahrscheinlichkeit extrem feuchte oder extrem trockene Jahre auftreten. Beide Extrema sind etwa gleich häufig. Über 10 % der Jahre zeitigen Niederschläge < 90 mm oder > 390 mm. Es sind dies Jahre extremer Dürreschäden an Kultur- und Steppenvegetation bzw. Jahre extremer Starkregen, die wesentlich an dem Zustandekommen hoher Jahresniederschlagssummen beteiligt sind. Sie fördern die Bodenerosion.

Besonders kritisch ist das Aufeinanderfolgen extrem trockener und extrem feuchter Jahre, weil die Dürre den Boden zunächst verstärkt seiner schützenden Pflanzendecke beraubt und danach die Starkregen (précipitations torrentielles = N > 30 mm) das exponierte Feinmaterial bei hohem Abfluß erodieren. Der Abfluß erreicht zumeist nicht das Meer, sondern sedimentiert das erodierte Material in Senken oder in Wadibetten.

Die Abfolge von Feucht- und Trockenjahren an der Klimastation Djerba, die als einzige Klimastation des Untersuchungsraumes eine durchgehende Zeitreihe der Niederschlagsaufkommen ab 1901 registriert hat, wird in der Darstellung des jährlichen Niederschlagsaufkommens (vgl. Abb. 21) deutlich. Beispielhaft seien die Jahre 1920/21 sowie 1922/23, 1931/32, 1934/35, 1945/46, 1951/52 oder 1969/70 (jeweils hydrologische Jahre) als Folgen extrem trockener und danach extrem feuchter Jahre herausgegriffen. Im hydrologischen Jahr 1975/76 (verzeichnet unter 1976)

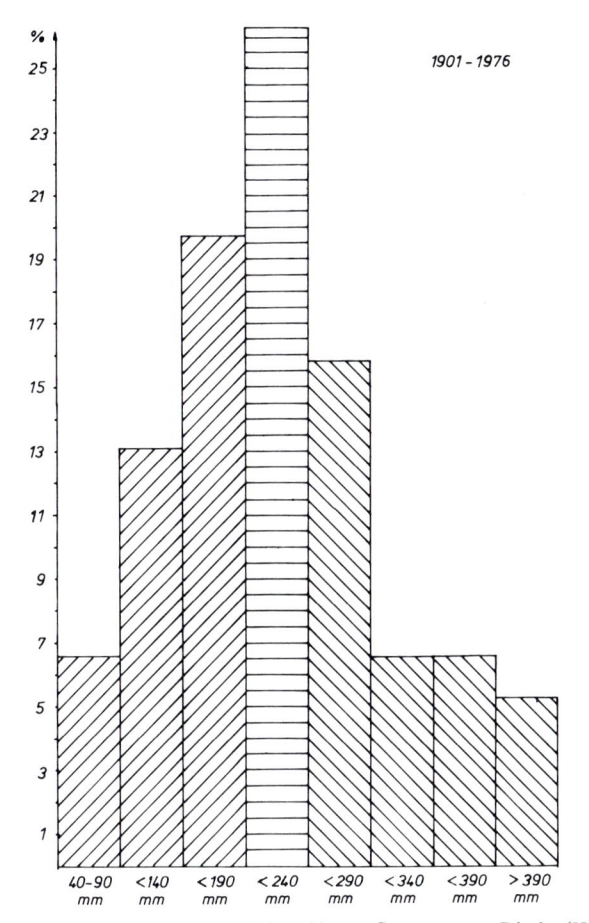

Abb. 20: Häufigkeitsdiagramm der Jahresniederschlagsaufkommen von Djerba (Houmt Souk: Periode 1901–1979)

wurden die bisher höchsten Jahresniederschläge von 850 mm gemessen. Sie konzentrierten sich auf die Monate September 1975 bis April 1976.

Es zeigt sich in den Niederschlagsdaten kein genereller Trend, der auf ein Trocken- oder Feuchterwerden des Klimas als Ursache der fortschreitenden Landschaftsdegradation hindeuten würde.

In einer differenzierten Trendanalyse der jährlichen Niederschlagssummen von Djerba sind im unteren Teil der Abb. 21 die gleitenden Korrelationskoeffizienten der Beziehung von Niederschlagsaufkommen und Zeit (10jährig gleitende Werte) aufgetragen. Phasen genereller Niederschlagszunahme charakterisieren den Anfang unseres Jahrhunderts, die Zeitspanne von 1915 bis 1920 sowie das Ende der 20er Jahre, den Zeitraum zwischen 1940 und 1956 sowie längerfristig den gegen-

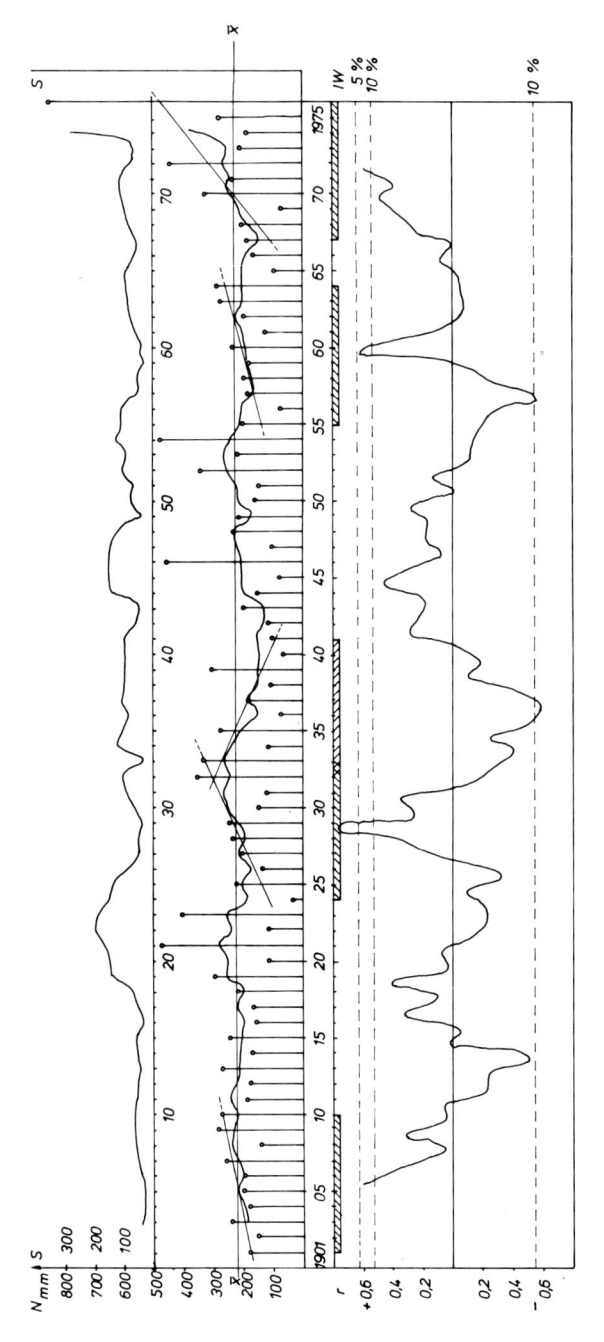

Abb. 21: Zeitreihenanalyse der Jahresniederschlagsaufkommen (hydrologische Jahre) von Djerba/oben: 5jährig gleitende Standardabweichungen; mitte: Jahresniederschlagsaufkommen zwischen 1901 und 1976 nach hydrologischen Jahren (Sept.–Aug.), bezeichnet ist stets das zweite kalendarische Jahr, + Regressionsgeraden von Perioden signifikanter Niederschlagstrends (Irrtumswahrscheinlichkeit < 5 %); unten: 10jährig gleitende Korrelationskoeffizienten der Beziehung des Jahresniederschlagsaufkommens (hydrologisches Jahr) mit der Zeit, eingetragen ist die Irrtumswahrscheinlichkeit von 5 % und von 10 %

wärtigen Zeitraum ab etwa 1970. Die jüngste Landschaftsdegradation kann damit nicht auf eine Aridifizierung oder eine Häufung von Trockenjahren zurückgeführt werden. Dies deuten entsprechende Regressionsgeraden der zumindest auf dem 5 %-Niveau signifikanten Beziehungen von Niederschlag und Zeit an, die über die Säulen des mittleren Niederschlagsaufkommens gelegt worden sind (vgl. Abb. 21, Mitte).

Der obere Teil der Abb. 21 stellt ein für die Landschaftsdegradation entscheidendes klimatisches Phänomen dar: die Niederschlagsvariabilität (Standardabweichung). Um den mittleren zeitlichen Wandel der Niederschlagsvariabilität aufzuzeigen, wurden fünfjährig-gleitende Standardabweichungen berechnet. Eine hohe Niederschlagsvariabilität belastet das Landschaftssystem, weil sie den zeitlichen Wechsel extremer Niederschlagsmengen aufzeigt. Dem Beginn der 20er Jahre war eine sehr hohe Niederschlagsvariabilität eigen. Bis dahin hatte sich ab 1901 das Niederschlagsregime als sehr ausgeglichen erwiesen. Mit Beginn der 20er Jahre müssen bereits gravierende Landschaftsschäden aufgetreten sein, weil zugleich mit der hohen Niederschlagsvariabilität die Sedentarisation der Nomaden verstärkt einsetzte. Ab der Mitte der 40er Jahre ist eine zweite Phase hoher Niederschlagsvariabilität zu verzeichnen. Seitdem haben sich die interannuellen Niederschlagsschwankungen auf ein mittleres Niveau eingependelt, wenn man von dem extrem hohen Niederschlagsaufkommen im hydrologischen Jahr 1975/76 absieht.

Die Abb. 22 und die sie begleitende Tabelle bieten in einer differenzierten Darstellung die Abfolge besonders niederschlagsreicher Monate (N > 100 mm), die erosiv wirksam waren, und von Dürrejahren schwerer Schädigung der perennen Vegetation. Derartig extreme Trockenjahre traten z. B. zwischen 1923 und 1926, 1946/47 sowie 1960/61 auf (jeweils hydrologische Jahre). Als Monate besonders hoher Niederschlagsmengen treten September bis November sowie Februar und März hervor. In der Zeitreihe konzentrieren sich die extrem niederschlagsreichen Monate auf zwei Phasen: Zwischen 1910 und 1922 ist kein einziger Monat mit Niederschlägen > 100 mm verzeichnet worden. Der Beginn unseres Jahrhunderts zeichnete sich in Südosttunesien (Stationen Djerba, Zarzis, Medenine, Ben Gardane) weder durch extreme Dürrejahre, noch durch erosionsaktive Starkregenphasen aus. Gehäuft treten derartig erosionsaktive Monatsniederschläge zwischen 1933 und 1950 sowie insbesondere seit 1969 auf. Dazwischen liegt eine 20jährige relative Ruhephase. In den letzten Jahren hat sich das Phänomen hoher Monatssummen des Niederschlages von den Herbstmonaten auf die Monate Februar und März verlagert. Zuletzt eigneten dem Untersuchungsraum im März 1979 extreme Niederschläge stark erosiver Wirkung. Sie übertrafen in Zarzis und Medenine die 100 mm-Marke. Diese hohen Summen konzentrierten sich – wie in den meisten derartigen Fällen – auf einen sehr kurzen Zeitraum, nämlich den 3. 3. bis 6. 3. (vgl. dazu BONVALLOT, 1979). Die Niederschlagsintensität erreichte stellenweise 100 mm/24 Stunden.

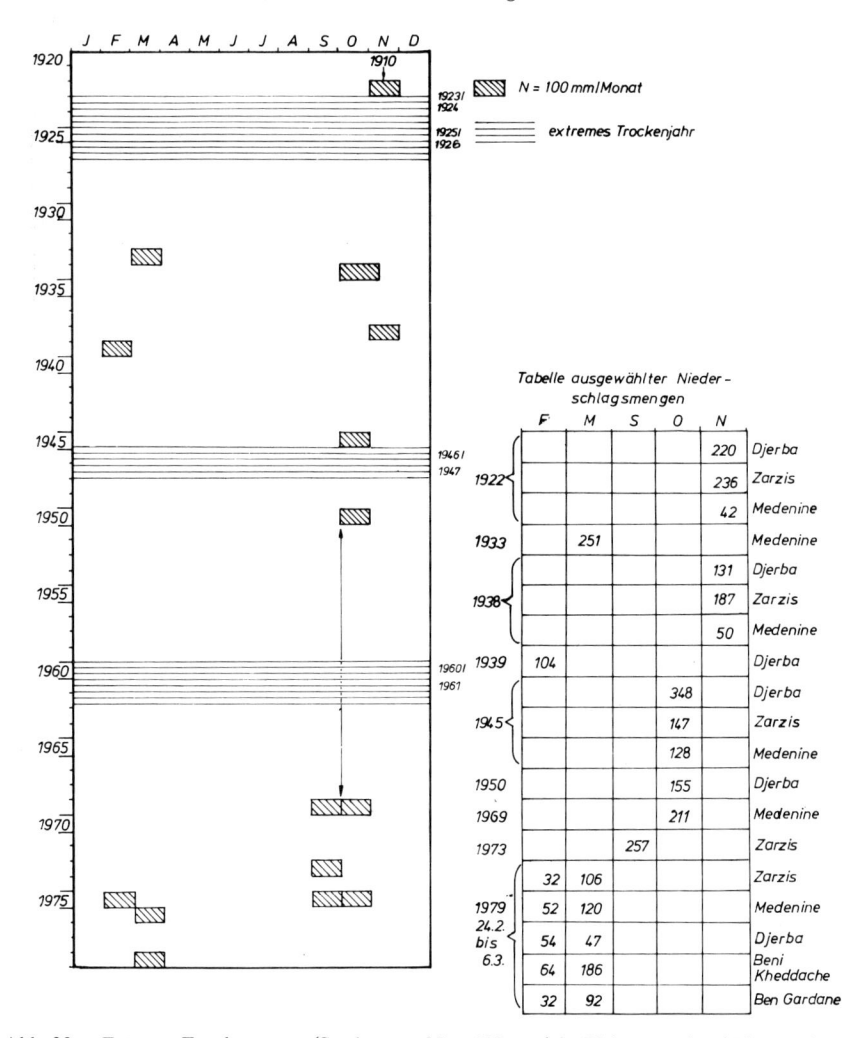

Abb. 22: Extreme Feuchtmonate (Starkregen: N > 100 mm) in Südosttunesien (Klimastationen: Djerba, Medenine, Zarzis, Ben Gardane) zwischen 1910 und 1979 (zwischen 1910 und 1922 war kein extrem feuchter Monat zu konstatieren) und extreme Trockenjahre

BONVALLOT (1979) untersuchte die Auswirkungen dieser Starkregen auf die Dammsysteme des Feldbaus in Südosttunesien. Bei Medenine wurden nahezu 50 % der Dammsysteme zerstört, bei Oglat Maider, zwischen Medenine und Zarzis, waren es immerhin noch 10–20 %, trotz der dort geringen Reliefierung des Geländes. Die hohe Schadensrate war allerdings auch auf eine in jüngerer Zeit üblich gewordenen vereinfachte Bauweise der Dämme zurückzuführen. Sie werden heute häufig mit Hilfe von Traktoren aus Feinmaterial zusammengeschoben, während früher bei Handbauweise stets ein festerer Kern aus grobblockigen Krustentrümmern eingebaut wurde. Auch dabei erwies sich die Abkehr von der Tradition als zumindest zeitweise negativ.

Die bisher skizzierte Variabilität der Niederschläge als eine Steuergröße der Landschaftsdegradation wird noch deutlicher, wenn man Tagesdaten des Niederschlagsaufkommens und der Verdunstung betrachtet. Es werden so nicht nur humide von ariden Tagen differenziert, sondern auch ein eventuell erosiv wirksamer Wasserüberschuß angezeigt. Die erosive Wirkung hoher Tagessummen des Niederschlags ist potenziert, wenn kurz vorher bereits Niederschläge gefallen sind, die zu einer Bodenwassersättigung geführt haben. Dann ist der folgende Niederschlag nicht nur pflanzenökologisch wenig wertvoll, sondern wegen des hohen oberirdischen Abflußanteils sogar erosiv schädigend. Optimal wäre demnach eine gleichmäßige Verteilung höherer täglicher Niederschläge oder eine Folge nur schwach humider Tage, die die Bodenwasserreserven allmählich auffüllen. Besonders negativ ist die Konzentration von Tagen mit hohen Niederschlägen auf einen kurzen Zeitraum bei vorhergehenden und folgenden langen vollariden Phasen. In der Abb. 23 sind die täglichen Niederschlagssummen der Monate Januar bis März über sieben Jahre sowie die Niederschläge des März 1975 verzeichnet. Dazu wurde für alle Tage der drei Monate von 1969 die tägliche potentielle Verdunstung, berechnet nach einem modifizierten PAPADAKIS-Ansatz, dargestellt, um an einem Beispiel den interdiurnen Verdunstungsgang aufzuzeigen. In den übrigen Jahren ist die Verdunstung nur für die Tage berechnet und eingetragen worden, an denen Niederschlag gefallen ist, um die Anzahl der humiden und ariden Tage feststellen zu können. Ein Tag wird als humid bezeichnet, wenn an ihm mehr Niederschlag fällt als verdunstet. Das Jahr 1980 zeigte mit neun humiden Tagen während der drei Referenzmonate die höchste Anzahl humider Tage, die Jahre 1969 und 1977 mit drei Tagen die geringste Zahl. Die einzelnen Jahre repräsentieren überdies verschiedene Typen der Sequenz von humiden und ariden Tagen. Im Jahr 1969 traten lediglich zu Anfang Januar einige humide Tage auf, dem folgte bis zum Ende der ‚normalen Regenzeit' eine vollaride Phase. Sie übte eine ungünstige Wirkung auf den Bodenwasserhaushalt aus. Zu Beginn des ariden Sommerhalbjahres waren die Bodenwasserreserven nicht aufgefüllt. Daraus resultierten Dürreschäden der perennen Vegetation. Die Jahre 1977 und 1978 weisen ein ähnliches Bild der Verteilung der humiden Tage auf, wiewohl sich 1978 generell humider darstellte. Die humiden Tage stehen vereinzelt und zeigen sich relativ gleichmäßig über die dreimonatige Periode verteilt. Dies erscheint ökologisch günstig, weil Dürreschäden vermieden werden und auch der Abfluß minimiert ist. So wird das Niederschlagswasser voll genutzt und treten nur geringe Erosionsschäden auf. Ganz anders stellt sich das bereits erwähnte Jahr 1979 dar. Hier folgten im März zwei Phasen sehr niederschlagsreicher Tage unmittelbar aufeinander. Die erste Phase füllte bereits den Boden auf. Die Niederschläge der zweiten Phase flossen daher weitgehend oberirdisch ab und führten

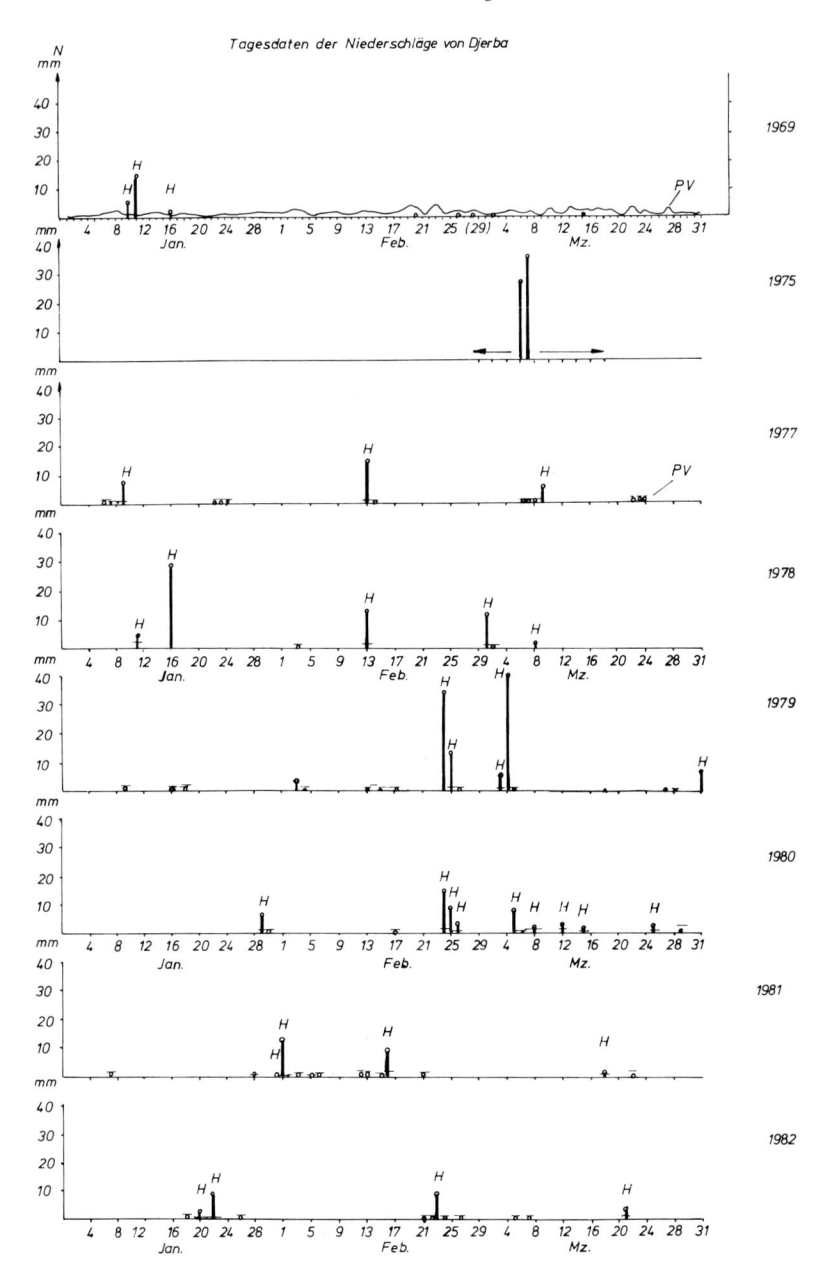

Abb. 23: Tägliche Niederschlagssummen und Verdunstungswerte (Verdunstung freier Wasserflächen: pV) an der Klimastation Djerba für die Jahre 1969 und 1977–1982 (jeweils Jan.–März) sowie für den März 1975/H = humider Tag

zu schweren Erosionsschäden. Sie waren pflanzenökologisch irrelevant; nur in Senkengebieten kamen sie der Vegetation zugute. Das Jahr 1982 gleicht bei allgemein geringerer Humidität in der Verteilung der humiden Tage den Jahren 1977/78; die Jahre 1980 und 1981 weisen demgegenüber eine starke Konzentration der humiden Tage auf, wenn auch die Wasserüberschüsse und damit die Erosionsschäden unter dem Niveau von 1979 (März) geblieben sind. Pflanzenökologisch besonders günstig endete die ‚normale Regenzeit' im Jahre 1980. Ab Ende Februar stellten sich acht humide Tage ein, deren Wasserüberschuß jeweils relativ gering war. Kurze, zwischen die humiden Tage eingeschaltete aride Phasen, ließen den Boden wieder wasseraufnahmebereit werden, so daß der Oberflächenabfluß minimiert wurde. Zu Ende der ‚normalen Regenzeit' war der Boden wassergesättigt. Den perennen Pflanzen stand ein optimaler Bodenwasservorrat zur Überdauerung der Trockenzeit zur Verfügung. Im Jahre 1981 konzentrierte sich eine Phase mehrerer Regentage auf die ersten Februarwochen. Nur drei Tage lieferten einen Wasserüberschuß zur Auffüllung der Bodenwasserreserven. Der Großteil der täglichen Niederschlagssummen blieb unter dem Verdunstungsniveau. Der März war nahezu vollarid, so daß die perenne Vegetation mit bereits angegriffenen Grundwasserreserven in die sommerliche Trockenphase ging.

Es wird deutlich, wie nicht nur die Höhe monatlicher Niederschläge, sondern wie die Verteilung der humiden Tage und ihr Wasserüberschuß Dürre- und Erosionsschäden steuern.

Die Abfolge humider und arider Phasen gestaltet sich im Untersuchungsraum nicht einheitlich. Bereits in der Abfolge der Jahresniederschlagsaufkommen bestehen deutliche Unterschiede zwischen den Stationen Djerba, Zarzis, Medenine und Ben Gardane. Dies wird durch Korrelationen der Niederschlagszeitreihen zwischen diesen Klimastationen deutlich (1901–1976 mit Lücken). Am ähnlichsten sind sich in der Abfolge der Jahresniederschlagssummen die Küstenstationen Djerba und Zarzis (vgl. Abb. 24). Die geringste Ähnlichkeit weisen die Niederschlagszeitreihen von Ben Gardane und Zarzis auf; sie erklären sich lediglich zu 9 %. Auch zwischen Djerba und Ben Gardane sowie zwischen Zarzis und Medenine besteht eine relativ geringe Ähnlichkeit der Niederschlagszeitreihen. Wie in den Zeitreihen, so treten

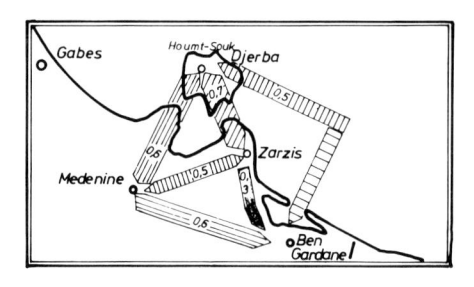

Abb. 24: Interkorrelation der Jahresniederschlags-Zeitreihen von Djerba, Medenine, Zarzis und Ben Gardane (1901–1976 mit Lücken) (Die Pfeildicke entspricht in mm der Größe des Korrelationskoeffizienten)

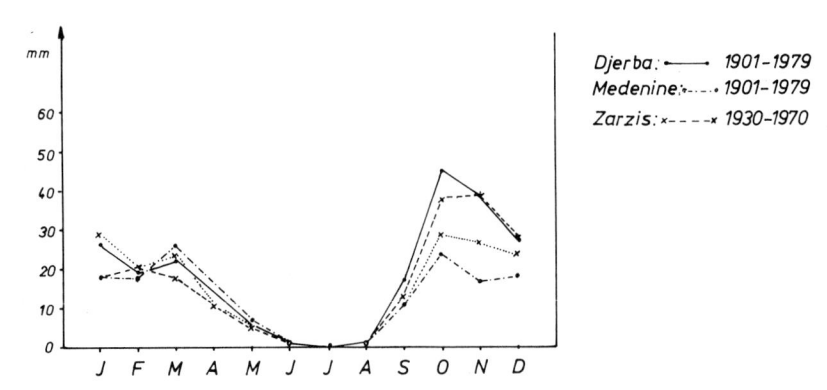

Abb. 25: Vergleich der Jahresgänge des Niederschlagsaufkommens von Medenine, Djerba, Zarzis und Ben Gardane

auch im Jahresgang der Niederschläge deutliche Differenzen innerhalb des Untersuchungsraumes auf (vgl. Abb. 25). Die küstennahen Klimastationen zeigen ein Herbstmaximum der Niederschläge, die Inlandstation Medenine ein Märzmaximum. Dem März eignet die größte Häufigkeit saharischer Depressionen. An der Küste wird dieser Effekt überkompensiert durch das herbstliche noch sehr warme Meer, das dort die Zyklogenese begünstigt, die häufig nur der unmittelbaren Küstenregion Niederschläge bringt.

7.3 Eintritts- und Wiederkehrprognosen von Feucht- und Trockenphasen

Extrem feuchte und extrem trockene Phasen potenzieren von den klimatischen Einflußgrößen her die Landschaftsdegradation. Daher wäre eine Prognose feuchter oder trockener Jahreswitterung relevant. Die Jahressummen der Niederschläge (hydrologisches Jahr) von Djerba und Medenine wurden Zeitreihenanalysen unterzogen (vgl. Abb. 26 und Abb. 27). Für Djerba zeitigte die zeitverschobene Korrelationsanalyse nach 4 bzw. 6 Jahren die größte Wahrscheinlichkeit der Wiederkehr eines Jahresniederschlagsphänomens. Nach 7 Jahren bzw. nach 15 Jahren ist eine hohe Wahrscheinlichkeit des entgegengesetzten Phänomens gegeben. Aus den Niederschlagswerten der Station Medenine lassen sich andere Beziehungen ableiten. Dort tritt am wahrscheinlichsten nach 2 oder 10 Jahren eine ähnliche Niederschlagssumme wieder auf. Nach 9 Jahren ist am ehesten ein reziproker Jahreswert zu erwarten. Nach den T-Werten tritt bei Medenine nur die zweijährige Periode als signifikant hervor.

Noch so exakte Prognosen der zu erwartenden Niederschläge könnten den Untersuchungsraum jedoch nicht vor einer weiteren Degradation schützen. Der Raum

Zeitreihenanalyse der Niederschläge von Djerba: 1901-1976 (Interkorrelation)

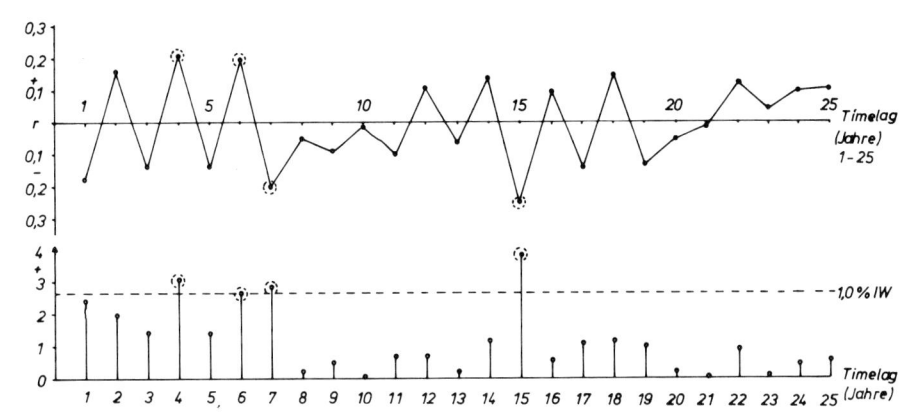

Abb. 26: Zeitversetzte (Time-lag) Interkorrelation der Niederschlagszeitreihe von Djerba (oben) und entsprechende Werte der T-Statistik (unten), eingetragen ist eine Irrtumswahrscheinlichkeit, die in etwa bis zu 50 Freiheitsgraden gültig ist

ist partiell bereits soweit geschädigt, daß selbst strengste Schutzmaßnahmen nicht wieder zu einer ursprünglichen Produktivität führen würden. Weite Teile der Steppe werden bald für den Menschen überhaupt nicht mehr nutzbar sein. Der Druck auf die noch nutzbaren Areale wird sich dann verstärken. In naher Zukunft wird somit der gesamte verbliebene Steppenraum der Anökomene anheimfallen. Am längsten dürften sich die traditionellen Kulturen auf Djerba und um Zarzis der Landschaftszerstörung widersetzen.

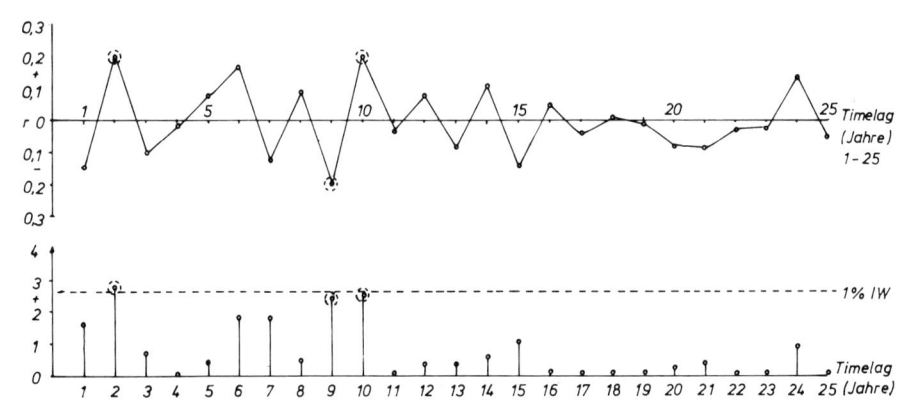

Abb. 27: Zeitversetzte (Time-lag) Interkorrelation der Niederschlagszeitreihe von Medenine (oben) und entsprechende Werte der T-Statistik (unten), eingetragen ist eine Irrtumswahrscheinlichkeit, die in etwa bis zu 50 Freiheitsgraden gültig ist

Literatur

Bonvallot, J. (1979): Comportement des ouvrages de petit hydraulique dans la région de Médenine (Tunisie du Sud) au cours des pluis exceptionelles de mars 1979 (I), Cah. O.R.S.T.O.M., Sér. Sci. Hum., Vol. XVI, 3, S. 233–249.
Bousnina, A. (1977): Les précipitations pluvieuses dans le Sud-Est Tunisien. Mémoire de C.A.R., dirigé par A. Kassab, Université de Tunis, Faculté des Lettres et Sciences Humaines, Tunis.
Bousnina, A. (1981): La variabilité des pluies en Tunisie, Thèse de doctorat de 3° cycle sous la direction de A. Kassab, Université de Tunis, Faculté des Lettres et Sciences Humaines, Tunis.
Braun-Blanquet, J. (1964): Pflanzensoziologie, Wien, New York.
Delmas, Y. (1952): L'île de Djerba, Cahiers d'Outre-Mer, 5/6, S. 149–168.
Dhouib, A. (1958): La région de Zarzis I. L'occupation du sol avant 1881, Cahiers de Tunisie, 23/24, S. 311–316.
Dhouib, A. (1972): La région de Zarzis II. Contact européen et exploitation du sol de 1881 à 1959, Cahiers de Tunisie, 79/80, S. 171–178.
Farge, P. (1973): L'agriculture à Zarzis (Localité du Sud Tunisien), Méditerranée, 15, S. 3–9.
Flohn, H. (1975): Tropische Zirkulationsformen im Lichte der Satellitenaufnahmen, Bonner Meteorologische Abhandlungen, Sonderheft 21, Bonn.
Flohn, H. unter Mitarbeit von *M. Kettata* (1971): Investigations on the climatic conditions of the advancement of the Tunisian Sahara, W.M.O. Technical Note, No. 116, Geneva.
Floret, C. (1981): The effects of protection on steppic vegetation in the Mediterranean arid zone of Southern Tunisia, Vegetatio, 46, S. 117–129.
Floret, C.; R. Pontanier (1978): Relations climat-sol-végétation dans quelques formations végétales spontanées du Sud Tunisien. Ministère de l'Agriculture, Institut des Régions Arides Médenine, Direction de reccources en eau et en sol.
Frankenberg, P. (1978): Lebensformen und Florenelemente im nordafrikanischen Trockenraum, Vegetatio, 37, S. 91–100.
Frankenberg, P. (1979): Florenreichtumsanalyse des westlichen Nordafrikanischen Trockenraumes, Natur und Museum, 109, S. 15–18.
Frankenberg, P. (1981): Tunesien. Ein Entwicklungsland im maghrebinischen Orient, Stuttgart, 2. Auflage.
Frankenberg, P. (1982): Vegetation und Raum. Konzepte der Ordinierung und Klassifizierung, UTB 1177, Paderborn, München, Wien, Zürich.
Frankenberg, P.; M. Richter (1981): Zusammenhänge zwischen Pflanzenvielfalt, Wasserhaushalt und Mikroklima in Tunesien, Festschrift für F. Monheim zum 65. Geburtstag, Geogr. Inst. der RWTH Aachen, Aachen, S. 243–271.
Houérou, H.-N. (1959): Recherches écologiques et floristiques sur la végétation de la Tunisie méridionale, Mémoire N° 6, Université d'Alger, Institut de Recherches Sahariennes, CNRS, Alger (3 Bde).
Kassab, A.; H. Sethom (1980): Géographie de la Tunisie. Le pays et les hommes. Publications de l'Université de Tunis, Faculté des Lettres et Sciences Humaines de Tunis, Deux. Série, Vol. XII, Tunis.

Kassab, F. (1979): Les très fortes pluies en Tunisie, Publications de l'Université de Tunis, Faculté des Lettres et Sciences Humaines de Tunis, Deux. Série: Geógraphie, Vol. XI, Tunis.

Klug, H. (1973): Die Insel Djerba, Wachstumsprobleme eines südtunesischen Kulturraumes, Schriften des Geographischen Instituts der Universität Kiel, 38, Kiel, S. 46–90.

Lauer, W.; P. Frankenberg (1979): Zur Klima- und Vegetationsgeschichte der westlichen Sahara, Abh. der Math.Naturw. Klasse der Akad. der Wiss. und der Lit. Mainz 1, Wiesbaden.

Lauer, W.; P. Frankenberg (1981): Untersuchungen zur Humidität und Aridität von Afrika. Das Konzept einer potentiellen Landschaftsverdunstung, Bonner Geographische Abhandlungen, 66, Bonn.

Mensching, H.; F. Ibrahim (1976): Désertification im zentraltunesischen Steppengebiet, Nachr. d. Akad. d. Wiss. Göttingen, II. Math.Physik. Klasse, 8, Göttingen, S. 91–111.

Miossec, A. (1975): Les pluies exceptionnelles de mars 1973 en Tunisie, Bull. Assoc. Géogr. Franc., 428, S. 279–288.

Mott, J. J. (1972): Germination studies on some annual species from an arid region of Western Australia, Journal of Ecology, 60, S. 293–304.

Oglat Merteba Region (1977): Case study on desertification August 29–September 9, 1977, Nairobi, Kenya.

Papadakis, J. (1966): Climates of the world and their agricultural potentialities, Buenos Aires.

Paskoff, R.; Sanlaville (1979): Le quaternaire récent de Jerba et de la presqu'île de Zarzis, Revue Tunisienne de Géographie, 3, S. 43–70.

Pfau, R. (1966): Ein Beitrag zur Frage des Wassergehalts und der Beregungsbedürftigkeit landwirtschaftlich genutzter Böden im Raume der EWG, Meteorologische Rundschau, 19, S. 33–46.

Poncet, J. (1970): La ‚catastrophe' climatique d'automne 1969 en Tunisie, Annales de Géographie, 79, S. 581–595.

Sethom, H.; A. Kassab (1981): Les régions géographiques de la Tunisie, Publications de l'Université de Tunis, Deux. Série, Vol. XIII, Tunis.

Scheffer/Schachtschabel (1979): Lehrbuch der Bodenkunde, 10. Aufl. von P. Schachtschabel, H.-P. Blume, K. H. Hartge und U. Schwertmann, Stuttgart.

Schmiedecken, W. (1978): Die Bestimmung der Humidität und ihrer Abstufungen mit Hilfe von Wasserhaushaltsberechnungen – ein Modell – (mit Beispielen aus Nigeria), in: Klimatologische Studien in Mexiko und Nigeria, Hrsg. W. Lauer, Colloquium Geographicum, Bonn, S. 135–159.

Suter, K. (1960): Djerba. Ein Beitrag zur Kulturgeographie Südtunesiens, ERDKUNDE, 14, S. 221–232.

Winstanley, D. (1972): The North African flood disaster, September 1969, Weather, 31, S. 390–402.

Bild 1: „Doppelte Erosionsfläche" in der Steppe zwischen Zarzis und Medenine
(Aufnahme: FRANKENBERG, März 1983)

Bild 2: Badlands in der Streusiedlungslandschaft um Medenine
(Aufnahme: FRANKENBERG, März 1982)